U0495867

生活因阅读而精彩

生活因阅读而精彩

舍与得的励心课

人生有度方坦然

孙浩文／著

中国華僑出版社

图书在版编目(CIP)数据

舍与得的励心课:人生有度方坦然/孙浩文著.—北京:中国华侨出版社,2013.6

ISBN 978-7-5113-3744-3

Ⅰ.①舍… Ⅱ.①孙… Ⅲ.①人生哲学-通俗读物 Ⅳ.①B821-49

中国版本图书馆 CIP 数据核字(2013)第140159号

舍与得的励心课:人生有度方坦然

著　　者/孙浩文
责任编辑/尹　影
责任校对/高晓华
经　　销/新华书店
开　　本/787 毫米×1092 毫米　1/16　印张/17　字数/290 千字
印　　刷/北京建泰印刷有限公司
版　　次/2013 年 8 月第 1 版　2013 年 8 月第 1 次印刷
书　　号/ISBN 978-7-5113-3744-3
定　　价/29.80 元

中国华侨出版社　北京市朝阳区静安里 26 号通成达大厦 3 层　邮编:100028

法律顾问:陈鹰律师事务所

编辑部:(010)64443056　64443979

发行部:(010)64443051　传真:(010)64439708

网址:www.oveaschin.com

E-mail:oveaschin@sina.com

前 言

人的一生就像是过山车，有高峰也有低谷，这是自然的规律。在这个自然规律面前，你别无选择，只能驾着过山车呼啸着前行，在攀上高峰的时候放声尖叫，在落入低谷的时候迷茫彷徨。但是有一点你却可以自由选择，那就是对尺度的把握和控制。

如若可以把握好人生的尺度，你就可以在高峰低谷处随心所欲地驾车前行。

在众多人生的尺度当中，胸怀当之无愧地高居榜首，因为心胸宽广，便可拥抱人生。“世界上最宽广的是海洋，比海洋更宽广的是天空，比天空更宽广的是人的胸怀。”胸怀宽广者，可“宰相肚里能撑船”，亦可“海纳百川，有容乃大”。当你的胸怀大到足以容纳下整个世界的时候，你便会成为世界上最富有的人，因为世界都在你的怀抱之中。

你富有了，能忘记身边的朋友们吗？当然不能，不仅不能忘记，你还需要不断地去结识新的朋友，把你的创富密笈分享给所有的朋友，和他们一起快乐地奔跑在人生的旅途之中。在这个时候，又一个尺度需要你去好好把握：如何把握好与朋友说话的度，则成了你的必修功课。

会说话就够了吗？为什么你已经很会说话，可以很好地把握说话的度了，还是有朋友离你而去？为什么你不俗的谈吐已经引起了领导的注意，但却迟迟得不到重用？又为什么你具备了所有的条件，但却还是与成功无缘？无它，只因为你还缺少一个度，那就是办事的速度。如果只想不做，或者做任何事情都要拖拖拉拉，那么你的理想就只能用一个可笑的词代替——白日梦。

接下来的这个度，对你至关重要，它和会说话、会办事加起来构成了你为人处世的基础。没错，这个度，就是交往的弧度。“曲径通幽处”是古人与人交往的智慧，你现在拿起来用一样合适。在很多时候，“拐个弯儿”，路才会更加好走。

前面一直在说与人交往，可是你是否漏掉了些什么？和朋友一起把酒言欢的时候，你是否忘记了还有人在等着你回家？看着路灯下拉长的冷清身影，你是否想起了那个温暖的港湾？家是用爱做成的，需要用你的温度来滋润和呵护，你一定不能忽略。

其实人生在世，除了亲人朋友之外，你便只剩下一个最为重要的追求了。每个人都想要在事业上有所成就，你的这个追求不也是如此吗？你用不着去羡慕别人的成就，昂首挺胸地走在向前的路上，搭起一架向上的梯子，你就可以爬得更高。正如罗曼·罗兰所说：“一个人追求的目标越高，他的能力就发展得越快，对社会就越有益。”事业的高度，取决于你的追求目标。

很多时候，你都会被眼前的幻象所阻，白天看不见太阳，夜晚看不见星星，你眼前的那一隅天地永远都是密不透风。现在你应该明白了，这个世界并非如此，你之所以无法拥有更广阔的视野，只是因为角度的问题。你所处的位置很有可能是一个牢笼，困住了你的心，也困住了你前进的脚步。让视野变得有宽度，你会发现，原来世界也跟着变了。

你需要把握的最后一个尺度是思想的远度。巴尔扎克曾经说过：“一个能思想的人，才真是一个力量无边的人。”如果你的思想能够像泉水一样鲜活而富有生命力的话，那么你的人生之路就会像奔腾的溪水一样流向远方。请记住，思想有多远，你的人生就能走多远。

当你通过努力，处理好人生这八个尺度时，你会发现，人生的过山车无论是在高峰也好，低谷也罢，都能给你带来最大的收获。或许别人还在人生的过山车上尖叫着和不知所措，而你，却可以闭上眼睛，静静品味那呼啸带来的美妙感觉。

目录

第一章 要有大度胸怀：你容得下世界，世界才会容你

“泰山不让细壤，故能成其大；河海不择细流，故能成其深。”一个人的胸怀有多宽广，他的世界就有多大。少些计较，多些快乐；忘却仇恨，收获幸福。“紫罗兰把它的香气留在那踩扁了它的脚踝上。”宽容是每一个成功者立足于社会应有的胸怀。

1. 快乐是计较得少，而不是算计得多 …… 002

2. 忘却仇恨，不失为一种明智之举 …… 005

3. 生气是一件平常事，但不要让它毁了你 …… 008

4. 学会给别人让路，你的路才会越走越宽 …… 012

5. 盲目攀比，不如坦坦荡荡做自己 …… 016

6. 豁达的人生很美好 …… 020

7. 平常心也是一种人生境界 …… 024

8. 对别人宽容，也就是对自己宽容 …… 027

9. 容人的气度决定你事业的高度 …… 031

第二章 说话要讲适度：谨慎开口，掌握语言的艺术

“一言使人乐，一言使人厌。”这是语言的力量。要想成为一个受欢迎的人，口德口才缺一不可，与人交往中，发挥决定性力量的就是语言。管住你的嘴，说话要适度，才能和谐地处理人际关系，得到人们的信任与好评。

1. 用脑子想，用嘴说 …… 036
2. 指正错误的方式有很多种 …… 040
3. 别人的隐私没有那么可笑 …… 043
4. 点到为止，让批评来得没那么痛苦 …… 046
5. 把握分寸，适时表示拒绝 …… 049
6. 在公共场合不要触及他人的“逆鳞” …… 054
7. 说服不只要让对方口服，更要心服 …… 058

第三章 办事要讲速度：用行动消除拖延，用方法战胜盲目

想到而不去行动，计划只能一拖再拖；着手行动而不思考，结局可能大相径庭。想要在工作和事业上取得成就，就该让自己变成“行动派”；想要生活的质量不因忙碌的工作而受影响，做事就必须讲求方法，方法对了才有效率和质量，事情用最快最短的时间做好了，才能为自己赢得更多享受生活的时间和机会。

1. 现在就做，立刻马上 …… 064
2. 认真一点儿，“零缺陷”就有可能 …… 068

3. 练就做事有条不紊的本领 …… 072
4. 别让犹豫成为你的绊脚石 …… 075
5. 成功不等人，说一尺不如行一寸 …… 079
6. 有计划的行动才是高效的保证 …… 083
7. 化繁为简，使速度更进一步 …… 086
8. 方法对了，问题就解决了 …… 090
9. 最短的路并不一定是最快的路 …… 094
10. 不要被完美主义拖住了脚步 …… 096

第四章 交往要讲弧度：直来直往真性情，随和待人更智慧

人活在世上，不可避免地会与他人发生某种联系。如何与人相处，是我们人生中的重大命题。率直纯直、宽容随和、善良正直等等，都是人际交往中不可或缺的内涵。

1. 请给交往请留点儿距离 …… 102
2. 要懂得照顾别人的“面子” …… 105
3. 义比金坚，舍得为朋友付出 …… 108
4. 多一份信任，少一点儿猜疑 …… 112
5. 与朋友相处，眼里须能揉得进沙子 …… 116
6. 守礼有礼，礼多人不怪 …… 120
7. 大丈夫更要拘小节，举止得体赢人心 …… 123
8. 尊重是交往的前提 …… 127

第五章 家庭要讲温度：爱是一种承担，爱是一种温暖

人最重要的不只是事业，还有家庭。家是充满着爱和温馨的避风港，是每个人心的归属。家是用爱做的，家庭关系也是人际关系中一个重要的组成部分。“家和万事兴”，建立并经营好家庭，是一个成功者的幸福标志。

1. 两情相悦，彼此适合才是最美 …… 132
2. 相互付出会让爱情更甜蜜 …… 136
3. 推卸责任，就是在将幸福推远 …… 139
4. 无论走多远，也别忘了手足同胞 …… 142
5. 感恩父母，他们是你情感的寄托 …… 145
6. 别把情绪带回家，家人伤不起 …… 149
7. 稳固的经济基础是幸福生活的基本保障 …… 152
8. 责任，是爱情的终极体现 …… 155
9. 天下没有十全十美的婚姻 …… 159

第六章 事业要讲高度：对平庸说“不”，搭一架向上的梯子

碌碌无为的人，往往不是天资不够，也不是机遇难求，而是没有一个高远的目标。在事业上，我们需要为自己搭一架梯子，这架梯子不是出人头地的梯子，也不是升官发财的梯子，而是眺望方向、探寻前途的目标之梯。当自己看准了未来的路，在实践中让能力和学识提升到了另一个高度，那我们自然就可以对平庸道别了。

1. 成就事业要有高眼光与高追求 …… 166

2. 一流的目标才能成就一流的人生 …… 170

3. 给自己做好人生定位 …… 174

4. 发挥优势，做自己最擅长的事 …… 178

5. 高目标决定高追求，相信自己能更好 …… 182

6. 人要有梦想，不要为了赚钱而工作 …… 185

7. 跳槽并不可怕 …… 188

8. 每天多做一点儿，就离成功近一点儿 …… 191

第七章 视野要讲宽度：换个角度，世界也许会随之改变

做人要有宽阔的视野，不能只看到眼前的利益，更不能贪图眼前的安逸，否则就会让生活进入一个死胡同。遇到问题，不能钻牛角尖，该放弃时就要果断放弃，该追求的时候也要毫不犹豫，换一个视角，换一种行动，得到的就是不一样的结局。

1. 越在意别人的眼光，你的视野就越窄 …… 196

2. 站高一些，望远一些 …… 200

3. 不要为了眼前的利益而放弃长远的未来 …… 203

4. 不做井底之蛙，有梦就要去追寻 …… 207

5. 看准目标，更要学会积极规划 …… 211

6. 目光不要太短浅，学会多角度思考问题 …… 215

7. 有时舍弃是为了更好地得到 …… 218

8. 不仅要发觉自己的优势，还要看到缺点和不足 …… 221

9. 把眼光放宽，抓住每一次机遇 …… 225

第八章 思想要讲长度：创新决定命运，思想预见未来

很多人习惯了固封自守，习惯了自己的舒适圈，习惯了现有的思维方式，不敢尝试新的事物，亦不敢大胆去创新，生怕犯错，生怕失败。殊不知，一个人的思想决定着他的未来，当你封闭了自己思想的那一刻，你就已经将更好的、更成功的自己拒之门外了。别忘了，思想有多远，就能走多远。

1. 思想有多远，你就能走多远 …… 230
2. 主动创新，在创新中求发展 …… 234
3. 人孰无过？有则改之，无则加勉 …… 238
4. 前人是榜样，创新还须靠自己 …… 240
5. 敢于走出习惯，去发现新事物 …… 243
6. 理性有时是限制你的枷锁 …… 247
7. 不要以为“随大流”就不会错 …… 250
8. 想象力是创造力的源泉 …… 254
9. 打破原有的规矩才能树立新规矩 …… 257

第一章 要有大度胸怀：你容得下世界，世界才会容你

“泰山不让细壤，故能成其大；河海不择细流，故能成其深。”一个人的胸怀有多宽广，他的世界就有多大。少些计较，多些快乐；忘却仇恨，收获幸福。“紫罗兰把它的香气留在那踩扁了它的脚踝上。”宽容是每一个成功者立足于社会应有的胸怀。

1.快乐是计较得少，而不是算计得多

人生在世，有许多事情我们无法掌控，也没法改变，出身的选择、时间的流逝、亲人的离去、莫名的寂寥、他人的嘲笑、突如其来的意外……这一切的一切来得那么自然而然、理所应当，但往往又会触发人的各种情绪。

不过，如果你过多计较，过多算计，那么各种情绪会使你的人生陷入麻烦之中，有得必有失，有失必有得，可总想得到而怕失去或者不愿失去，那只能使你的负面情绪滋长而陷入困扰。

古时候，有一个人非常幸运地获得了一颗硕大而美丽的钻石，美中不足的是钻石上有个小小的斑点，这个人对此非常介怀：如此价值连城的一颗钻石竟然有一个丑陋的斑点，这简直太无法忍受了，于是，他每天都想尽各种办法去除这个斑点。当斑点最终去除的时候，钻石也随之不存在了。

人生没有绝对的完美，爱神维纳斯美在她那残缺的断臂上，试想一下：如果维纳斯原本就有胳膊，那么她的胳膊又会摆出什么样的姿势才完美呢？正因为那一条断臂，给人留下太多想象的空间，美就自然形成了。

生活也总是不完美的，人人都想要得到很多，而欲望会随着你的得到而越来越大，结果你的感受就是天天在不断地追求，而从没有享受过得到的乐趣，反而越发地斤斤计较：计较生活的不公、计较得失的平衡，计较就像一根弹簧，你给它的压力越大，它给你的反弹力也就越大。相反，如果你宽容

地对待一切，拥有“不管风吹浪打，胜似闲庭信步”的心态，那你的生活便会变得美好起来。

为什么人们喜欢计较，总在算计得失呢？大约都来自于人类的忌妒心和虚荣心。这种心理会模糊人的内心，让人看不到拥有，时刻体会着失去，就像当你忌妒同事找到一个经济条件非常好的男朋友时，往往会忽略掉自己男朋友的体贴细心；当你请客吃饭时算计着价格时，往往就会忽略掉菜品的美味。

猎豹和狐狸一同外出狩猎，它们俩整整忙碌了一天，眼看天就要黑下来了，狐狸说：“豹老弟，咱们的猎物已经够多的了，现在赶紧就回家吧，家里的孩子们还在等着咱们带回去的猎物呢！”

猎豹回答说：“再等一会儿，我还想猎一只大山羊什么的，今天只抓了些小动物，只够一家人填饱肚子的，如果不能带点儿什么大家伙回去，那岂不是让人家笑话。难道这样你就想回去？你也真是太容易满足了吧！”

突然，一只山羊从它俩身旁一跳而过。猎豹反应极快，像离弦的箭一样猛追过去，可却不曾想，天黑路滑，它脚下一松劲儿，不小心滚下了陡峭的山坡。

等狐狸追赶到山坡下时，猎豹只剩下最后一口气了。

“狐狸兄，请告诉我儿子一句话：即使拥有整个世界，一天也只能日进三餐、夜睡一张床呀！如果我早点儿想通这个道理，那该多好啊！”说完这句话，猎豹便断气了。

很多人都想着得到更多而错过了眼前的快乐，猎豹如果不是为了面子非要去追那头大山羊的话，那么它也就不会送命了，它也可以将自己悟到的道理亲自告诉自己的孩子，而不是像这样说出如此凄凉的遗言了。

人生不必计较太多，计较太多，不仅会让人活得很累，而且会错过享受精彩人生的机会。没有一个人愿意与斤斤计较的人来往，因为你的一个动作、一句话可能就会令对方反复思考，你无意中的玩笑可能就会让对方怀恨在心。在人与人的交往中，摩擦时有发生，如果事事计较，时时计较，在纠纷面前总不肯退让半步，不但损害了自己的形象，还会给自己的工作、生活和事业带来负面影响。

有一个外来户在北京的一家服装市场卖服装，由于她的服装价格便宜、质量可靠，她本人的服务态度又非常好，为此，许多顾客都喜欢光顾她的生意。

其他摊位的同行见这个外地人的生意如此火爆，不免心生忌妒，总觉得是她抢了自己的生意，便决定联合起来给这个女人出难题。于是，在接下来的一段时间内，其他摊位的老板都将自家的垃圾扫到她的摊位前，对此，外地妇女只是默默地把这些垃圾扫到角落里。

一个月过去了，同行们见外地妇女没有一丝的愤怒，就忍不住问道："你为什么不生气呢?"外地妇女笑着说："我的家乡有个习俗：把垃圾往家里扫，垃圾越多代表赚的钱越多。"同行们见外地妇女如此回答，都惭愧地低下了头。

外地妇女这种不计较的态度感染了她的同行，也平息了矛盾，试想一下，如果外地妇女采取针锋相对的态度来处理问题的话，那么结果只能鸡飞狗跳。清人石成金的《莫恼歌》云："莫要恼，莫要恼，明日阴晴尚难保。双亲膝下俱承欢，一家大小都和好，粗布衣，菜饭饱，这个快活哪里讨？富贵荣华眼前花，何苦自己寻烦恼。”

少一些计较，才能多一些快乐。人之所以不快乐，是因为把大部分时间都用来计较，这样还有时间快乐吗？有生活智慧的人会有所不为，只计较对自己最重要的东西，并且知道该计较什么，不该计较什么，有取有舍，收放自如。

2.忘却仇恨，不失为一种明智之举

喜怒哀乐本就是挂在人心头的情绪，崇敬、喜爱、仇恨等也是与人交往中常有的心理反应。因喜生爱、因怒生恨也是十分自然的事情，但是，“水满则溢”，爱得过多，被爱的要求也就会越多，而仇恨过多，生活中原本晴朗的天空便会乌云密布。

有这样一个故事：

一位知名画家到集市上出售自己的画作，恰巧遇到了他以前的仇家的儿子，仇家的儿子并不知道那些恩怨，也不知道自己崇拜已久的画家与自家有仇隙。

仇家的儿子本也非常喜欢画画，并且对画家的画作爱不释手，便提出了买画的要求。此刻，画家的大脑已经完全被仇恨所笼罩，他拒绝了将自己的画作卖给仇家的儿子。

仇家的儿子对画作非常钟情，但却不能如愿，因此而得了心病。后来，仇家亲自与画家见面，希望以高价购买画作，画家依然不为所动，此刻的画家已经被仇恨所包围，他唯一能够产生快感的事情就是报复仇家——让仇家的儿子得不到自己的画作。

画家有一个习惯，就是每天都要为自己信奉的神像画一张像。可是，每当画家将完成的画作挂起来独自欣赏的时候，他发觉自己所画的这些神像与以往画的神像的形态越来越不一样了，这使他苦恼不已，他费尽心思地查找原因，却毫无所获。

有一次，当他再一次拿起手中的神像仔细端详的时候，他突然惊呆了：神像的眼睛竟然与仇家的眼睛如此的相似。画家终于彻悟了：对别人的报复最终会回报到自己的身上来。

画家仇恨的心影响了他的生活，大脑中对仇家的印象让他不能专心作画，脑海中都是仇家的形象，所以连每天都要画的神像也渐渐走了样儿。刻意地报复，最终伤害的是自己，恨越深，心中的乌云也就越浓，生活也就越阴暗。

怎样才能驱散心头的乌云呢？唯有敞开心扉让阳光照进来。富兰克林说："没有宽容的心态，如在刀锋上行走。"一般情况下，人在受伤害之后会产生仇恨的心理，总是想着如何才能"报仇"，时间就在这种"时刻准备"中一点点消失，自己的未来也在这仇恨中消磨殆尽。

但凡大智慧者的心中只有感恩而不会记住仇恨，因为他们有一颗宽容的心，学着宽恕他人，便会拥有更多的快乐。当然，宽容是需要有足够大的心胸的，弥勒佛堂有一副对联："大肚能容，容天容地，于己何所不容；开口便笑，笑古笑今，凡事付之一笑。"有了宽容的胸怀，才有容纳天地万物的崇高和博大。

一个人常常会因为各种原因而产生仇恨之心。这个社会上，我们不是独立存在的，摩擦与误会应该是经常出现的事儿，甚至背叛也会时常上演，如此，心中难免会燃起怒火，充满仇恨。但是，认真思考一下，仇恨有什么用呢？带着仇恨去生活只能更辛苦，更有可能像一只无形的手一样把你推向深渊，使你追悔莫及。

东汉末年，吕蒙和甘宁同为吴国著名的将领。吕蒙熟读兵书，学识渊博；甘宁忠心爱国，但脾气火爆，为人睚眦必报。

有一次，甘宁的一个仆人因为一件小事得罪了甘宁，为了躲避甘宁的处罚，跑到了吕蒙那里，希望能得到庇护。吕蒙为人侠义，担心仆人被甘宁杀死，便好心收留了他。甘宁得知此事后大发雷霆，决心到吕蒙那里去要人。

甘宁知道吕蒙孝顺母亲，非常听从母亲的话，便带了礼物去拜见吕蒙的母亲，请求吕蒙的母亲劝说吕蒙将这个仆人还给他，并且保证自己不会杀这个人，于是，吕蒙便将仆人还给了甘宁。

谁知甘宁不信守承诺，回去后便亲手将仆人给杀了。吕蒙知道这件事后非常生气，立刻擂鼓召集兵马想找甘宁算账，可甘宁对此却置之不理。

吕蒙的母亲知道此事后，对吕蒙说道："主上对你这么好，视你如亲生儿子一般对待，将国家大事都交给了你，你怎么能因为一点儿私人恩怨就攻打自己的同僚呢！"

吕蒙觉得母亲说得在理，再说，他与甘宁也是有些交情的，生气归生气，可也不能因为这点儿事情就攻打他，于是吕蒙亲自找到甘宁与之赔罪，自此，二人的恩怨便化解了。

雨果曾经说过："宽容就像清凉的甘露，浇灌了干涸的心灵；宽容就像温暖的壁炉，温暖了冰冷麻木的心；宽容就像不熄的火把，点燃了冰山下将要熄灭的火种；宽容就像一只魔笛，把沉睡在黑暗中的人叫醒。”

如果你正在被仇恨折磨，那么请学着宽容一点儿吧，以宽容之心处世，才能让心灵解放，生活充满阳光。宽容拥有着无穷的魅力，拥有一颗宽容的心，便会忘却仇恨，这便是智者的胸怀。

3.生气是一件平常事，但不要让它毁了你

有些年轻人很容易冲动，动不动就会火冒三丈，对什么事都强调：“我咽不下这口气。”有些人为了改掉自己因小事而生气的习惯，便在办公桌前、卧室中、客厅里甚至手机屏保上都挂起《莫生气》里那句“人家生气我不气，气死我来无人替”。有些人虽在心里无数次警告自己不要生气，可一遇到事情还是会火冒三丈，把“道理”全抛在脑后。

其实，生气是一件平常事，人都有七情六欲，生气是无可避免的，但是生气的时间不要太久，因为它有可能毁了你。康德曾经说过，生气就是用别人的错误惩罚自己。生活中，我们千万不要因为一些小事而勃然大怒，这不仅不能对事情本身有任何的改变，相反，还可能造成无法想象的后果，台球冠军路易斯·福克斯的事就足以说明因为一件小事而动怒的危害有多大。

在1936年的时候，纽约举行了一次世界台球冠军争霸赛，路易斯·福克斯凭借着出色的球技，得分一直处于领先位置。正当路易斯潇洒出杆频频落袋的时候，突然，一只苍蝇落在白球上，影响了比赛的正常进行。刚开始的时候，路易斯也没怎么介意，发现苍蝇后，他一挥手将苍蝇赶走了，但是，

当他再次架杆、瞄准，准备出杆的时候，那只苍蝇又一次落在白球上，路易斯不得不再次挥手将苍蝇赶走。

较为诡异的是，这只苍蝇之后又接二连三地在路易斯准备出杆击球的时候落在白球上，年轻气盛的路易斯不禁为之大怒，当苍蝇再一次落在白球上的时候，他挥杆击向苍蝇，苍蝇飞走了，但是，路易斯的球杆也击中了白球，可想而知，以这种方式击中白球，彩球是无论如何也不可能落袋的。按照台球赛的规矩，无论你是否有意识击打白球，只要击中白球，那么就要轮换对手来击球了，就这样，路易斯失去了一次机会，这局球被对手翻盘。

按理说，在接下来的比赛中，路易斯只要调整好自己的状态，还是有机会击败对手的，但是，路易斯很难从刚才的意外中把自己的情绪扭转过来，他接连失误，最终与冠军失之交臂。

故事讲到这里，有人也许认为可以画上句号了，路易斯因为一只苍蝇的干扰而难掩心中之怒，最终失去了冠军的宝座，这已经很能说明问题了。可令人意想不到的是，最为惨痛的人间悲剧还在后边：第二天，比赛失利的路易斯·福克斯投河自尽了。

有人说，生气就是拿别人的错误惩罚自己，路易斯·福克斯就是拿管理人员的错误来惩罚自己。像台球、射击等正规的考核选手的专业技能的大赛中是绝不允许有苍蝇飞进赛场，那样会影响选手的比赛结果，但是，有可能是管理员的疏忽，让苍蝇飞进了比赛区，那已经成为无法改变的事实了，就应该排除外界环境专心比赛，但是，路易斯·福克斯因此而情绪失控，最终与冠军失之交臂。

不良情绪是需要宣泄的，但要选择正确的途径，为了芝麻绿豆大的小事就大动干戈，为了一些不必要的人和事就怒气冲天，实在是不明智。要知道，“怒发冲冠”、“睚眦必报”不仅不能让心灵轻松，反而会让思维更加混乱、内心更加纠结。与其如此，不如学会宽容一点儿，坦然地而接受那些既成的现实，原谅别人的错误，给自己的心灵松绑，轻松快乐地拓展生命的宽度。

有一次，一件小事让拿破仑·希尔与所在办公地点的楼管员产生误会，两人因此结下了梁子。之后，两人的摩擦不断，楼管员为了显示对拿破仑·希尔的不满，时常在拿破仑·希尔办公的时候关掉大楼的电灯。对此，拿破仑·希尔愤恨至极，决心找机会教训一下这个人。

这一天晚上，拿破仑·希尔刚坐在桌前准备写明天的演讲稿，大楼里突然漆黑一片，拿破仑·希尔知道又是楼管员的“杰作”，顿时火冒三丈，他迅速冲向楼管员的宿舍。此时，楼管员正在忙着手头的活计，一边将煤块送进锅炉，一边吹着口哨。

拿破仑·希尔立刻对楼管员发起了攻势：一句句不堪入耳的骂声随着拿破仑·希尔唇齿的碰撞喷薄而出，像一柄柄利剑，剑剑直指楼管员的要害。就这样，一直持续了3分钟。当他将所有难听的词汇差不多组织了一遍的时候，拿破仑·希尔才发现，楼管员对自己的谩骂竟然不问不怒，当他看到拿破仑·希尔愣神的时候，回了一句：“喂，伙计，你今天有点儿激动了，不是吗?”

楼管员的这种态度和姿态让拿破仑·希尔吃惊不小，他知道，这场战斗到了这里，自己已经输了，而且输得很惨。

当我们陷入不良情绪时，一定要学会用理智的力量控制不良情绪。当控制不住想要生气的时候，不妨在心里暗示自己：别做蠢事，发怒是无能的表现，而且于事无补。别急着破口大骂，先默默地忍上两分钟，两分钟过后，你会发现，自己的情绪将缓和不少，也将发现这点事一点不值得发火。

俗话说：“得饶人处且饶人。”人无完人，谁都不能保证自己的做法不会伤害到任何人，所以当遇到伤害时，以一颗宽容的心去对待吧，释迦牟尼说：“以怨报怨，怨将永存；以爱抱怨，怨将会灭。”人如果想要幸福，就要学会宽容与谅解，这样才能获得一个轻松的生存环境，让自己有限的生命变得轻松、快乐。

有一位年轻的妈妈非常喜欢兰花，闲暇之时便在家里种了许多兰花。这一天，妈妈由于工作需要，到外地出差去了，家里只剩下爸爸和6岁的儿子。

爸爸和儿子在玩捉迷藏游戏的时候，不小心将兰花的架子碰倒了，架子上所有的花盆都摔坏了，兰花也被摔得面目全非。爸爸和儿子看到妈妈的心爱之物就这样被糟蹋了，心里不免担心妈妈回来一定会发脾气的。

第二天，妈妈回来后，见自己辛辛苦苦栽养的兰花都不见了，便向爸爸和儿子询问，儿子提心吊胆地诉说了事情的经过后，妈妈并没有责怪爸爸和儿子。对此，儿子很奇怪，问妈妈为什么不生气。

妈妈说道：“生气不是我当初养花的初衷，而且生气也不能让我们的兰花再生，所以，生气有什么用呢?”

英国戏剧作家莎士比亚说：“宽容就像天上的细雨滋润着大地。它赐福于宽容的人，也赐福于被宽容的人。”当你心中点燃怒火时，自备一个灭火器吧，问一下自己：这件事值得我生气吗？如果大动肝火，事情会因此改变吗？冷静下来才能理性地思考，宽容正是使头脑冷静的良药，不要让坏情绪影响你的未来，不要让自己天天生活在怒气之中，生活本来很幸福，敞开你的心扉，给世界一个微笑，世界也会送给你一个大大的笑脸。

如果你没有办法改变天气，那么就尝试着改变自己的心情吧，只要你微笑地去面对，并且让这种行为方式成为你的一种习惯，那么你的心中永远会是晴空一片。

4.学会给别人让路，你的路才会越走越宽

大千世界，芸芸众生，我们每个人都是鲜活的个体，都不可能独立生活在世上不与人打交道。很多刚刚走入社会的人，就像一块棱角分明的石头，在经过社会的水流历练之后，有的人依旧带着刺被冲到沙滩上，而有的人化作光润的鹅卵石，快乐地生活在水流之中。

生活就是这样，每个人的性格、经历、观念等都不尽相同，如果你像只刺猬一样，就永远无法让别人真正融进你的生活圈子中。人生是会有很多矛盾的，有矛盾必然会导致争执，而争执则必然会导致两个人针锋相对、互不让步，但是这样的做法只会放大矛盾，本来可以小事化了的矛盾，最终变成了不可调和的矛盾。

当遇到矛盾的时候，我们应该怎么做呢？是继续针尖对麦芒，还是后退一步呢？这就像独木桥上相遇的两个人，无论怎样争执也只能站在原地不动，但如果一个人后退一步的话，就会让出两条路来，也就是说，在给别人让路的同时，也给自己创造出了一条可行的大路。这种“退让”的动作源自于一颗宽容的心，宽容会使人生之路越来越宽。

公元 199 年，正是曹操事业的一个转折期。这一阶段，三国鼎立的局面还没有形成，曹操作为北方崭露头角的人物，正与实力强悍的袁绍对磕。

在战乱年代，成王败寇是铁的法则，对于一些实力不强的军官或者小头目来说，选择一个有实力的或者有潜力的人物作为自己日后的靠山，是很正常的事情，如果你眼光独到，提前找准方向站好队，那么离分享胜利果实的日子就不远了。当时，在那种军阀割据的时代，每一个大的领袖的军中都有许多这样的人物，曹操的军中自然也不例外。

不过，对于眼前这场即将来临的曹操对阵袁绍的对决，一些狡猾的将领对这场战争的结局进行了预判，很明显，袁绍的经济实力和战团数量要远远超过曹操，曹操获胜的几率很小。鉴于这种实力悬殊的对峙，曹操军中的一些将领开始考虑自己的后路了，他们暗中联合起来给袁绍写了一封信，希望在袁绍的大军冲进曹营的时候，他们能以此信保命。

然而，世事难料，在曹、袁两大玩家的战斗进行得如火如荼的时候，曹操采用许攸的计策，对袁绍进行了一场奇袭战，这就是有名的官渡之战。这场战争的胜利，让曹操将胜利的主动权完全掌握在了自己的手中，最终战胜了袁绍。

这场战争结束后，曹军进入了打扫战场的阶段，在清理战利品的时候，许多曹营军中将领写给袁绍的信件被收集摆放到曹操的案头。当时，这个报告的官员建议曹操将这些人统统问斩，以警示那些还有叛逃之心的人，用来建立威信。然而，曹操并没有予以采纳。曹操见这个官员一脸的茫然，便问道：“这些人当初为什么会背叛呢?”

官员说：“因为当时两军实力相差过于悬殊，而他们觉得我军必败无疑，于是为了给自己留条后路，所以才会这么做。”

曹操点头说道：“是啊，其实这也是人之常情啊，俗话说得好，人不为己天诛地灭。他们只是为自己找一条生路。况且当时我们的战斗状况确实是处于劣势，每个人都会为自己留后路的。”

官员说道：“可是效忠于一位主公就应该尽职尽责，完成自己的使命。如果看到自己这方遇到了危险就轻易地逃离背叛，那这样的人有第一次就会有第二次。主公，这些人不杀，难道不是养虎为患吗？”

曹操进一步说道：“这些人已经知道查获投降信这件事，惶恐是肯定的，现在这种情况已经造成军心不稳了，如今大战刚过，正是需要养精蓄锐的时候啊，不能再让内部有什么太大的动乱了。”

听曹操这么一提醒，这位大臣立马就明白了，于是满眼敬意地望着曹操说道：“主公真是高明啊，这样的事恕小人才疏学浅没有想到。现在您原谅了他们，他们一定会十分感恩戴德，这样子既稳定了人心，还能使人们对您更加尊敬，加强威信，真是一举两得啊！”

曹操微微一笑，说道：“你的忠心我更是看在眼里，比起你的夸赞，这更让我高兴，去把这些信都烧掉吧，让那些人都安心。”于是那位大臣便听曹操的命令，把那些信件都拿到外面烧掉了，并且那些写信的大臣们都将这些事情看在了眼里，于是对于自己背叛曹操这件事情都觉得特别惭愧，决心以后一定要尽心尽力效忠于曹操。

曹操在人们的印象中一直是奸臣的形象，但是作为三国鼎立中一国的国君，他却有着非凡的气度。正因为曹操包容的气度，才使得他更加得人心，为后来夺得江山打下了基础。

维克多·雨果曾说过这样一句话：“世界上最宽阔的是海洋，比海洋宽阔的是天空，比天空更宽阔的是人的胸怀。”为人处世，要首先学会宽容、学会关爱、学会宽厚待人，并严于律己。日常生活中，有的人由于一件微不足道的小事、一句不经意的话语而被人误会、被别人不信任时就不容纳别人，对他人的小小过失不肯原谅，大声指责，这都是缺乏宽容心的表现，其实，遇事忍一下、让一步，给别人让出一条路，你也会得到一条更宽阔的路。

公元279年，赵国的蔺相如完璧归赵，立了大功，被拜为上卿，位在大将军廉颇之上。廉颇自恃功高，很不服气，扬言要羞辱他。蔺相如听到廉颇的话后，常常称病不上朝，不跟廉颇争位。有时蔺相如坐车外出，碰见廉颇就赶紧避开，门客以为他胆小怕事，心中十分不平，蔺相如语重心长地跟他说："秦王那么厉害，我都不怕，难道还怕廉颇吗?我认真考虑，强大的秦国之所以不入侵赵国，只是因为有我们两个人在。如今二虎相斗，必有一伤，势必削弱抵御外敌的力量。我之所以躲避廉将军，是先国家之急而后私仇啊!"

蔺相如以大局为重，宽以待人，一席话传到廉颇耳中，使廉颇很觉惭愧，便袒衣露体，负荆登门请罪，说："我粗野低贱、志量浅狭，得罪于相国，相国能如此宽容，我死不足以赎罪。"于是将相重归于好，成了生死之交。

荷兰的斯宾诺沙说过：人心不是靠武力征服而是靠爱和宽容大度征服的。宽容一如阳光，亲切、明亮，当你用宽容的光芒照亮世界时，世界也会跟着明亮起来。凡事忍一忍、让一让并不是什么吃亏的事，相反，针锋相对才会把路变窄。

俗话说："退一步海阔天空，忍一时风平浪静。"何必计较太多，死守着自己近乎愚蠢的“原则”原地不动呢？全都挤在瓶颈处难以进入，倒不如各自退一步。

5.盲目攀比，不如坦坦荡荡做自己

如今，许多人在拼命赚钱的同时，也时刻在盲目地与别人攀比，他们比谁戴的黄金项链最粗，谁戒指上的钻石最大；他们比谁开的宴会最奢华，谁穿的衣服最贵；他们比谁家的房子最宽敞，谁开的汽车档次高……这种盲目的攀比不仅对社会资源造成了极大的浪费，还助长了不良之风的盛行，进而使许多人在这种形式的追逐中迷失自我，在与他人不断攀比的过程中变得越来越不自信。

就像朱德庸说的那样：“人和动物是一样的，每个人都有自己的天赋，比如老虎有锋利的牙齿，兔子有高超的奔跑、弹跳能力，所以它们能在大自然中生存下来。人们都希望成为老虎，但其中有很多人只能是兔子。我们为什么放着优秀的兔子不当，一定要去当那凶猛的老虎呢?”

《牛津格言》中也曾提到：“如果我们仅仅想获得幸福，那很容易实现。但我们希望比别人更幸福，就会感到很难实现，因为我们对于别人的幸福的想象总是超过实际情形。”

与别人相比只能让我们更加迷惑，看着别人比自己赚钱多、地位高，自己在一旁羡慕不已又有什么用呢？每个人都可以自由地支配自己，用不着在与别人的比较中确定自己的成就。坚持本色地做事，踏踏实实地走好每一步，只要今天的自己比昨天更好就可以了，以自己做参照物而前进，是最理智的做法。

有个叫小薇的女孩子，家里的条件本来就不是特别富裕，但她的父母还是省吃俭用地攒了一笔钱，将女儿送到了一所贵族学校读书。

小薇进入这所贵族学校后，时常向家里要钱，而且理由也基本是要与别人攀比：给我买几身名牌服装吧，同学们穿的、戴的、背的都是名牌，就我一个土里土气的，每天都不敢出门；给我买一台 IPAD 吧，其他同学都用它上网，我的那款笔记本又大又笨重，难看死了；给我买一个 iphone4 吧，其他同学用的都是这种手机，我那款手机又大又丑，同学们总是取笑我……

对于小薇的父母来说，这样的要求一次两次还可以接受，可是如今的高科技产品，更新换代如此之快，家里哪里有那么多的闲钱去和别人攀比啊！一边是女儿的央求，一边是父母的拼命工作，这可如何是好？

其实，在这种学校遇到此种窘境的并非小薇的父母，其他孩子的父母也因此而抱怨过。小乔的父母也遇到过类似的情况。女儿小乔自从进入贵族学校后，学习成绩不但没有得到提高，平日的花销却越来越大。小乔的母亲通过一段时间的观察和了解，找到了原因：

原来，小乔看到身边的同学都穿得花枝招展的，便羡慕不已，她将大部分的零用钱都用在了穿戴上，所以，她每个月的花销总是成倍地增长也就不足为奇了。当妈妈问及小乔为什么如此注重穿戴的时候，小乔直言不讳地回答："我身边的朋友都穿得非常漂亮，而我穿得却很一般，有几个朋友因此而离开了我，为了让别人能够看得起我，所以我买了很多衣服，并且每天花费大量的时间考虑应该穿什么衣服比较得体，尽管如此，我还是对自己的形象没有自信。"

其实，攀比并不能证明一个人的强大，不假思索地攀比，只会让人丧失信心。真正的强者是内心的强大，而不是你的衣服有多晃眼、钱包有多鼓。与别人比较，只能降低自己的信心，即使成功也没有淋漓尽致的成就感，你的生活也不会获得幸福。当我们还没有实力去采摘那些高处的苹果时，无论多么渴望得到它们，多么羡慕别人的拥有，只要客观条件不成熟，都必须学会暂时放弃，然后通过务实的途径去追求事物的本质，等到自己长高了，自然就能够摘到更多的苹果。

有位商人说："有朝一日，我一定要当上和某某一样的大老板!"如果把这种思想作为奋斗的动力还是可取的，但是一定要把握一个度，否则就会落入攀比的漩涡。我们不妨仔细想一下，到底多大才能称之为"大"？到底多少钱才能称之为"够多"，那么这位商人所设想的这种以攀比为出发点的"有朝一日"将永远不会到来。

攀比只会让一个人的内心变得更累。对于世人来说，房子、车子、票子、伴侣、面子，所有的这些都只有更好，没有最好。为了追求这些更好，我们就只能没日没夜地加班，马不停蹄地工作，直到有一天，突然发现皱纹已经爬上了眼角，两鬓出现了丝丝的白发，容颜已老，青春不再。再蓦然回首，发现这一路磕磕绊绊走来，能够回忆起的快乐和充实，竟然离自己都如此之遥远。

古时候，有一个国王，帝王之家的优越环境让他始终觉得生活没有激情，活着没什么意义。这一天，他对自己的大臣说："整日对着你们这些熟面孔，简直无聊死了!"于是，他就到后花园去散心。让他感到惊讶的是，后花园里竟然一派死气沉沉，许多的树木都枯萎了。

国王顿时来了兴致，决心要弄清事情的真相。他走到一棵松树旁，问道："松树，你昨天还是郁郁葱葱的，今天怎么就突然枯萎了呢？"

"我非常羡慕杨树那种高大挺拔的身材，于是我就不停地拼命提高自己的身高，导致我的根脱离了土壤，才弄成现在这副模样。"松树有气无力地解释道。

国王又来到杨树下，问道："杨树，松树如此羡慕你的身材，你怎么也枯萎了呢？"杨树愤愤地回答道："因为我不能像桃树一样结出甜美的桃子，一气之下，就把我气得这样了。"

国王又来到桃树下，问道："你能结出如此美味的果实，怎么也奄奄一息了呢？"桃树顿足捶胸地说道："我不想结出什么美味的桃子，我只想开出像玫瑰一样火红的花朵，可是无论怎么努力，我都办不到，郁闷之极，就到了现在这步田地！"

正当国王准备到枯萎的玫瑰那里询问原因的时候，他忽然发现脚下有一棵绿油油的小草，国王不仅诧异地问道："整个花园里的植物都死了，你却能生机勃勃如昨日，这是为什么呢？"

小草用细小而又独特的嗓音回答道："别人都羡慕他人，而我只想做一棵小草！"

国王听了，非常感动，说道："你真是太伟大了，能告诉我你叫什么名字吗？"

"安心草！"小草一字一板地回答道。

是啊，多么舒心的名字啊，安心草！安于自己的生活方式，勇于做自己，如此，你就会茁壮成长，这才是一个人的真实写照。现实中的你，也安于做一棵安心草吗？

适当地比较是促进人奋发向上的动力，以别人的优秀作为自己的奋斗目标，人生也会变得充实起来。但是，如果把比较变成了盲目的攀比，那就是自己给自己设计了一道无解的迷题，无论你怎么努力也难以走出来。坦然面对生活的一切变化吧，每个人都有让人羡慕的一面，不要因为盲目攀比别人的优秀面而迷失自己。

6.豁达的人生很美好

古人说："天行有常，不为尧存，不为桀亡。"世间有很多事都是我们无法改变的，上天也不会因为我们的悔恨而倒转，也不会因为我们的抱怨而重新洗牌，更不会因为我们的郁郁寡欢而停止进程。梦想搁浅、仕途艰辛、人生变故、飞来横祸……种种不幸的降临，让人悲痛欲绝，可纵然每天以泪洗面、悲痛万分，也于事无补。

只要生活在这个世界上，就免不了会听到、看到、经历这样或那样的事情，如果天天因为这些事抱怨烦恼，哪还有工夫享受生活呢？每个人都想从别人的身上获得积极向上的东西，没有人愿意成为别人的苦水瓶子。你那无穷无尽的烦恼不仅会使你痛苦，也会给别人带来很大的负面影响，谁愿意生活在阴雨连绵之中呢？

"将军额上能跑马，宰相肚里能撑船。"这句话常常用来形容一个人能容人，有度量，胸怀宽广。其实，我们对待生活也应该如此，用豁达大度、宽厚仁慈的态度去经营人生，你会发现，人生也因此而变得美好。

三国时期的蜀国，诸葛亮去世之后，蒋琬便开始主持朝政。蒋琬手下有

个叫杨戏的人，性格比较孤僻，不爱说话，就连蒋琬跟他说话，他也是给人一种爱搭不理的感觉。

蒋琬的其他下属看不过去了，便为他抱屈，在他面前嘀咕说："杨戏这人实在太不像话了，竟然如此怠慢您，太不把您放在眼里了。"

蒋琬听了，却完全不当回事，坦然一笑道："每个人都有自己的脾气和性格。有的人开朗活泼，有的人孤僻讷言，这都是我们的本性啊！杨戏性格孤僻寡言，这是他的本性，倘若让他当着我的面说我的好话，那不是违背了他的本性？若是让他当着大家的面说我的不是，他又会觉得我下不了台，因而他便选择了不说话。其实，他这样做是把我和他自己都考虑了进去，对他来说，这也算是最安全的处世之道了。不谄媚也不诬陷，就这点看来，倒是他可贵的地方。"

蒋琬的豁达与大度，令人敬佩，他也绝对称得上一个合格的宰相。每个人都有他的性格、脾气，不能要求他人都与自己一样，我们应该有一份容人的度量、一份接纳差异的胸怀。

对人如此，对事也一样。在人生的道路上，有阳光，也有阴霾；有平坦，也有坎坷；有畅通，也有荆棘。我们要习惯人生给予我们的种种考验，不要为自己所遭遇的逆境而失意，豁达乐观可以帮你闯过人生低谷，也可以带你找到光明。心如止水，平静安神，才能保持清醒的头脑和理智，才能从容淡定地走好人生之路。

豁达的人，不会因为生活的坎坷而改变自己的心态，更不会用别人的错误来惩罚自己。很多时候，一些人不只是因生活而不幸，更因某些人而痛苦。有人把自己的劳动果实占为己有；有人破坏了自己的家庭；有人抢走了自己的幸福；甚至有人给亲人或自己造成了伤害……这些可能把我们折磨得心中燃起仇恨，甚至无法正常工作、生活。

三国时期，曹操军营里，有一个主簿名叫杨修，是一位极聪明且极有才华的人，但是这样一个可以成为曹操帮手的人，曹操却容不下他。

有一次，曹操命令自己的手下修建一个花园，花园修好之后，曹操在花园的门上写了一个“活”字，便甩手而去。很多人不知道这个字是什么意思，也不敢问曹操。杨修正好经过，他看到“活”字后，笑着对众人说：“门里面再加一个活字就是“阔”，丞相嫌这个门太大了，你们把门改小一点儿吧。”于是，工匠们赶紧把门改小了。

曹操以为工匠猜不出他的评语，正打算卖弄一下时，突然看到花园的大门变小了，当他得知这是杨修猜出来的时候，他开始注意到杨修的才学，并常常和杨修讨论问题，但心里已经有了小小的忌妒。

一次，曹操找杨修谈论一个问题，当两个人都想不出答案时，便一起骑着马出去一边散心，一边思考问题。过了不一会儿，杨修说自己想出来了，但曹操制止了杨修，他一定要自己想出来。于是，他们仍然骑着马走。

走了10里以后，曹操还是没有想出来，他对杨修说：“骑着马走太快了，我们下马步行吧。”可是，杨修和曹操一起又步行了10里，曹操还是没有想出来。这个时候，杨修觉得不耐烦了，他想上马前行。无奈之下，曹操对杨修说：“你上马吧，我下马步行，牵着马走。”于是，两人就这样又走了10里，曹操终于想明白了这个问题。

但是，这时的杨修已经表现得很狂妄，曹操也由原来的忌妒转为了不满，他的心里已经容不下杨修了。

后来，在行军打仗的时候，曹操遇到一些挫折，想撤退又犹豫，正巧下属禀请夜间口号，他就随口说了一句“鸡肋”，士兵们都不知道是什么意思，只有杨修开始马上收拾行李，并对别人说："曹操要退兵了。"

有人问杨修："为什么认为曹操要退兵?"杨修说："丞相的心情已经全部都表现在这个口令里了啊。鸡肋者——食之无味，弃之可惜。"

后来，曹操知道了这件事情，因杨修猜中了自己的心事而恼羞成怒，也因此为理由，命人以扰乱军心的名义把杨修杀了，并禁止退兵，采取强攻，结果以失败告终。

曹操最开始认识杨修时虽然佩服杨修的才华，但是心胸狭窄的他已经埋下了忌妒的种子，当狂妄的杨修多次凌驾于曹操之上时，曹操心中已经想除掉这个心腹之患了。随后，在被杨修猜中了心事之后又因为好面子而否认，借故把杨修杀了，然后不顾实际情况地硬挺，终于导致大败。其实，如果他心胸豁达一点儿，能够容忍像杨修那样有才华的人，并善于利用这些人的才华，那么他也许就不会遭遇那样的失败，更有机会统一天下。

心胸有多广阔，世界就有多大。周瑜看到诸葛亮的才华时，感慨地说："既生瑜，何生亮!"其实换一个角度，如果他变得豁达一些，具备容人之量，就不会只是一个小小的霸主了，也许早已经成为一位改变历史的伟人了。

生活在这个世界中本来已经很累了，那么我们就没有必要再去苛求自己，凡事顺其自然，笑看人生的潮起潮落，你也许会看到更美的风景，你的人生也会更精彩。豁达，可以让你拥有徜徉在山水之间的自由自在的从容，也可以让你具备处变不惊的沉稳。

或许生活中总会有种种挫折和磨难，他人总在为我们设置路障，但是，只要我们怀着一颗豁达的心，看开一些，我们的人生就会更加美好!

7.平常心也是一种人生境界

俄国哲学家车尔尼雪夫斯基说："既然太阳上也有黑点，人世间的事情就更不可能没有缺陷。"人生不如意之事十有八九，事事都有缺憾，人人都有缺点。在生活中，如果我们一味地苛求完美、计较得失，只会让自己的心情浮躁、多疑猜忌，体味到更多的失望与痛苦。

为什么自己出生在偏远地区，而不是繁华的城市？为什么自己大学毕业的时候偏偏赶上国家不再分配工作？为什么自己拼命工作，而老板却把晋升的职位给了他的一个亲戚？为什么自己成家立业的时候房价较几年前翻了数倍？……面对这些现实，我们需要的不是抱怨、愤怒，而是用一颗平常心去看待，学会看淡、学会取舍、学会放下。

平常心是不随外界的变化而波动的豁达心理，拥有平常心，人们就不会患得患失、斤斤计较。平常心也是一种人生境界，拥有平常心可以看淡周围的一切，不再为功名利禄而苦苦追逐，也不再为喜怒哀乐而左右。《岳阳楼记》中有这样一句话："不以物喜，不以己悲。"这是范仲淹超然物外的一种人生感悟。

聪明的猎人为了捕捉到伶俐的猴子，专门研制了一套独特的方法：在猴子经常玩耍的岩石上开凿一个小小的洞口，洞口的大小足以让猴子能把爪子伸进去，然后在里面放入花生米。当贪吃的猴子把爪子伸到洞里抓起花生米后，由于洞口较小，猴子又不懂得丢下手中的花生米，这样，猴子的手臂就卡在洞中了。如此一来，抓住猴子就轻而易举了。

猴子没有人类的智慧，自然不懂得放下手中的花生米就能逃脱猎人的捕捉这样的道理。现实生活中，我们千万不要做那只不懂得放手的猴子。其实，人的一生中，有许多需要取舍的时刻，这个时候，只要能够看淡得失，就容易保持一颗平常心，这样你的大脑才会处于清醒的状态，对事情作出正确的判断，选择属于你的正确方向。

苏东坡在《观棋》诗中说："胜固欣然，败亦可喜。"这是他对胜败的看淡。孟子云："鱼，我所欲也；熊掌，亦我所欲也，二者不可得兼，舍鱼而取熊掌者也。生，亦我所欲也；义，亦我所欲也，二者不可得兼，舍生而取义者也。"这是孟子对得失的看淡。拥有一颗博大的胸怀会让你看淡周围的一切，当你对得失淡然的时候，你的人生也会变得有趣起来。

早在20世纪50年代初的时候，于右任的书法作品就已经家喻户晓了。当时，一些饭店、公司为了拉拢顾客，便在自家门口挂上"于右任题写"的招牌，以此彰显自己的高品位，当然，这些招牌并非都是于右任先生亲自题写，大多数都是仿造的。

有一次，于右任的徒弟去一家餐馆吃饭，发现餐馆的招牌乃仿造的于右任先生的真迹，便将这件事告诉了师父，并且气愤地说道："老师，这家餐馆竟然明目张胆地挂起了以您的名义题写的招牌，如果字写得好也就罢了，真是惨不忍睹啊，这简直就是在毁誉您老的名声啊！"

听到徒弟的汇报，于右任知道这件事一定要正确对待，便问道："这家餐馆的特色是什么？叫什么名字呢？"

徒弟回答说："这家餐馆的炸酱面做得不错，属于北京传统小吃，店铺的名字叫'北京炸酱面'。"

于右任点了点头，若有所思地沉默了一会儿。

徒弟见师父没有行动的意思，急切地说道：“我现在就去把那家餐馆的招牌给拆了!”说完，转身要向外走。

于右任见状，忙道：“等一下。”然后直奔书房，从书案上拿起一张宣纸，顺手在上面写了几个大字，交给徒弟说道：“你把这个交给饭店的老板。”

徒弟打开宣纸，看着上面的大字不仅目瞪口呆，只见宣纸上书有“北京炸酱面”5个大字。见徒弟不解，于右任微笑着说道：“餐馆以我的字做招牌，说明我的字还是很有影响力的，可是如你所说，他们仿造的字太差劲了，要是让不明真相的人看到了还以为我的字就是如此呢，咱可不能坏了自己的名声!”

徒弟听完老师的一番话，深深被老师这种淡然的心境所感动，马上拿着老师的真迹去了餐馆。这家餐馆得到了于右任的真迹，马上将餐馆的招牌换成了于右任家的真迹。喜悦之余，无不被这位伟大书法家的博大胸襟所震撼。

博大的胸怀源自对名利的淡泊，看淡了名利，就能保持一颗平常心。充满平常心的心境，是一种和畅、协调、美好的境界；拥有一颗平常心，就可以超然物外，让你知道该做什么、不该做什么。在股票市场上有这样一句话：“习惯做短线，被套了改做中线，深度被套就只能被动地做长线。”这是对输赢的一种看淡，适时地改变自己的心态，适应一切变化，这也是一种平常心。

中国羽毛球健将林丹在败给老对手陶菲克的时候说过，比赛就有输赢，亚运会输了，但是这只是奥运会前的中间站。不错，比赛总有输赢，只有懂得享受的人才是真正的赢家。一时的失败只代表过去，并不能说明你永远都比别人差，只要敢于正视困难，敢于放手拼搏，就能赢得属于自己的胜利。

人生在世，做任何事都是如此，只有保持一颗平常心，看淡得失，看淡名利，看淡输赢，你的心胸才会豁达起来。平平淡淡才是原汁原味的生活，才是富有品位和情趣的生活。能够守着一颗平常心的人，无论他的生活条件如何，无论他是做什么工作的，他都能够在普通或者不普通的生活、工作中营造良好的精神家园，懂得生活情趣，感受着生活的美好。

8.对别人宽容，也就是对自己宽容

我们生活在一个与人打交道的世界中，所以常常会因为别人对自己的伤害而耿耿于怀，朋友背叛、同事算计、亲人反目、陌生人的挑衅……每一件事都足以让人怒火中烧，产生怨恨、报复等情绪，殊不知，这些火苗烧不到别人，反而会把自己烧坏。

某本杂志的一篇文章曾这样揭露人类的怨恨与报复心：它损害人们的身体健康，当我们心中充满仇恨时，就容易愤怒、生气，这会让我们的血压升高，身体内部也会产生多种毒素，如果毒素无法排除，就会影响到健康，生出许多疾病来，比如高血压、心脏病。每个心脏专科的医生都会对自己的病人说："如果感觉心脏不舒服时，马上躺在床上不要乱动，无论发生什么事都不能生气。"

被伤害时而产生的不良情绪最终伤害的只能是自己，与其走入自己设计的迷局，不如解放自己，宽恕别人对自己犯下的错误，净化自己的内心，变得从容、淡定。如果你真正做到了这一点，那就是对自己的内心的提升和自我的升华。

有一个将军，天生是个秃头，在一次聚会上，众将士推杯换盏，不亦乐乎。有一个年轻的士兵可能是喝多了，在倒酒的时候，一不小心将整杯酒洒在了将军的头上。这个士兵可吓坏了，不知所措地站在哪里，等待着将军的处罚。其他人看到这个场景，也都不知道该如何是好，一时间，空气静止了，人们等待着将军的大发雷霆。

将军见此情景，竟然笑了笑，他拍着士兵的肩膀说："兄弟，你以为区区一杯酒就能够拯救我的头发吗?"一句话，大家都会心地笑了。

普普通通的一句话，不仅活跃了当时的尴尬场面，也显示了将军不拘小节的博大胸怀。

其实，生活中的一些人可能并不是有意伤害，此时我们若不依不饶，势必会使事态更严重；有些人可能是有意伤害，你因此而生气、抱怨甚至做一些冲动的行为，那必定是"中计"了，让那些伤害你的人在一旁看笑话，你也因此而受到更深的伤害。所以，无论是哪一种伤害，化解的万全之策就是"宽恕"，这样既显示出你的容人之量，又避免了自身的二次受伤。

楚庄王时期，平定大臣谋反后，庄王决定设宴款待有功的大臣。

宴会定于晚上，为了营造气氛，宴会上除了美酒佳肴、山珍海味、管弦之乐，还有多名妙龄女郎作陪。最为吸引众人眼球的要数楚庄王的第一宠妃许姬，她那倾国倾城的容貌，让许多臣子们在没有喝酒之前就醉了。

宴会进行到一半的时候，突然刮起一阵大风，将宴会上的烛火全吹灭了。这时，许姬突然感到有人在黑暗中对她非礼。许姬也是女中豪杰，不仅长得国色天香，而且也聪明绝顶。她顺势将那人头盔上的璎珞扯断握在手中，并且迅速来到庄王面前，简单地说明了情况。这时宫人准备重新点烛，可庄王却突然下命令：先不要点烛火，每人都将璎珞取下，我们要痛饮尽欢。

晚宴结束后，许姬十分气愤地对楚庄王说："男女有别，君臣有义。我代表君王斟酒却遭人调戏，大王却不加追查，这样做怎么能让人严守君臣之礼、男女之别呢?"

楚庄王笑着回答："君王宴请臣属，按理说应把宴会设在白天，宴中喝酒不能超过3杯，我却在晚上设宴，这已经是先失礼了。再者大家喝酒不少，酒后出现各种狂态本是人之常情，我如果追查定罪，国士们都会寒心，还会说我只会宠信妇人呢!"

宴会后不久，楚庄王出兵攻打郑国。有一名叫唐狡的将士自告奋勇，愿意率领百名壮士为全军先锋。唐狡拼命杀敌，使大军一天就攻到郑国国都的郊外。

楚庄王夸奖统率大军的襄老，襄老说："不是我的功劳，是副将唐狡的战功。"楚庄王决定奖赏唐狡，并要重用他，唐狡推辞掉了奖赏说："有一次大王宴请群臣，我因一时酒醉而对大王的爱妃失礼，大王本可以把我当场抓住，给予处罚的，可是您却没有这么做，而是在不使大家知道的情况下宽容了我的过失，使我没有受到处罚，而且也保住了面子。我非常感激大王的恩德，从那时起就立誓一定要为大王卖命，即使肝脑涂地也在所不惜。"

楚庄王是一位统治者，他有自己的威严，将士调戏其爱姬，无疑是对其极大的羞辱，可是楚庄王却能够从大局出发，宽容大度，妥善处理。这份容人之量不仅使自己美名流传，还赢得了部下的誓死效忠。

伏尔泰说：“我们所有的人都有缺点和错误，让我们互相原谅彼此的愚蠢，这是自然的第一法则。”一个胸怀宽广的人会得到更多人的尊重，也会更大限度地扩展自己的交际圈。

林肯年轻的时候曾经遇到这样一件事。有一次，当他帮助一家公司打赢了一场官司，并且领得所有报酬后，林肯在路上遇到了一个女子，女子说他的孩子病重，急需到医院救治，可是她没有钱，希望能够得到林肯的帮助。林肯听后，将这笔钱全部给了这个女子。

不久，一位警官找到了林肯，询问他是否前几天将一笔钱给了一个自称无钱医治孩子的女子，林肯点了点头。

警官接着说道：“这对于你来说真是个坏消息，她是个骗子，根本就没有什么病重的孩子!”

“你说根本没有一个小孩子病得快要死了?”林肯急切地问。

“是的，这是个女骗子编造的故事。”警官回答。

“这真是我一星期来听到的最好的消息!”林肯长长地舒了一口气。

以一颗爱心包容了他人，也就完美了自己的精神结构和心理素质，林肯之所以能成为美国历史上最出名的总统，怎能不说是宽容得福！对别人宽容，也就是对自己宽容。

在心理学中，有一个“替换定律”：如果人的心中存在着负面情绪或者仇恨时，是不能自己清除的，只能通过另一项新的信息将它们覆盖。也就是说，当你的心中充满仇恨时，如果你不停下脚步，调整自己的话，那么仇恨会在你体内大量积聚，最后只能伤害到自己；而如果你调整自己，让宽容与快乐去替代时，那受伤害的痛苦也就自行消失了，你便会轻松地去生活，充实地享受生命的每一分钟。

宽恕别人实际上正是宽恕自己、解放自己，这样，你的人生也会变得轻松起来。生活本来就很累了，不要再给自己加重负担了，宽恕那些让你气愤的人或事，你会发现人生原来可以如此轻松。

9.容人的气度决定你事业的高度

俗话说：“疑人不用，用人不疑。”身为领导的你假如把一项工作交给你的下属去做，那就要充分相信他能做好；假如你认为他本来就做不好，那就不要把工作交给他。这是最基本的用人之道，但是很多的管理者却不懂得这个道理。把任务委派下去后，心中又忐忑不安，不敢充分放权，结果造成了“自己累死，下属为难死”的结果。

一个成功的管理者的心胸是十分宽广的，他们善于发掘、培养、运用人才，古语说：“将能而君不御胜。”当下属的能力十分突出时，管理者的工作就会变得轻松起来。但如果没有容人的气量，总是以怀疑的态度去硬性指挥的话，那么自己的力量也会削减。每个管理者都希望有得力的“左膀右臂”，但这更需要管理者本身的容人之量。

公元前238年，秦始皇称秦王，准备消灭关东六国，一统天下。为了阻止秦国东征，东方各国纷纷派间谍到秦国去做宾客。

秦国的大臣担心国家的社会稳定，纷纷对秦始皇说：“来秦的各国客人多数是为了他们自己国家的利益来搞破坏的。请陛下发令，驱逐一切来客。”

于是，秦始皇下达了驱逐各国客人的命令。

李斯知道情况后，向秦始皇上书说：“我听说陛下发令逐客了，虽然这是为了维护秦国的利益，但却是错误的。”

“为什么呢?”秦始皇问道。

“从前，秦穆公求贤人，从西方请来了由余，从东方的楚国请来百里奚，从宋国请来蹇叔，任用从晋国来的丕豹、公孙友。秦穆公用了这5个人，兼并了20个国家，才能够称霸。”李斯说道。

秦始皇点点头，接着李斯的话说道：“的确，秦孝公重用商鞅，实行新法；秦惠王利用张仪的计谋，拆散了六国的合纵抗秦；秦昭王得到范雎，蚕食诸侯，确立了帝业。”

“陛下，这四代先王都是任用客卿而对秦国作出了贡献。客卿有哪点儿对不起秦国呢？虽不是秦国出产的物品，但有很多是宝贵的。有才能的人虽不是秦国人，但有很多愿忠于秦国。现在下逐客令，正是把武器借给敌人，把粮食送给别国。国内空虚，国外树怨，国家肯定危险。”李斯沉默了一会儿，又进一步说道。

后来，秦始皇听从了李斯的意见，马上废除了逐客令，广纳贤才，最著名的有尉缭、王绾、王翦、王贲、蒙武、蒙恬、顿弱、姚贾等人。

这一批秦始皇招纳的贤才，为秦始皇消灭六国、统一天下立下了汗马功劳。

泰山不拒绝土壤，才能高大；河海不拒绝细小的支流，才会深广，一切伟大的事业都是源于不排外、不多疑。秦始皇在间谍层出的情况下，采纳李斯的意见，广纳贤才，以一颗信任、宽容的心接纳了天下贤士，成就了统一大业。兼容并包，广采博纳，不仅体现了一个人的胸襟和气度，同时也决定着事业的高度。

在自己的领域取得成就，是每个人的梦想，但你的梦想中必定要有人参与，并助你一臂之力。这个人的才能可能在你之上，也可能在你之下，但你要记住，他是为了帮助你成就事业而出现的，所以一定要以一颗博大的胸襟去接纳他，放手、放权，让他发挥出最大的才能，不要对他过于束缚，也不要对他指指点点。用人之道，重在不疑。

以生产石化产品ABS而位居全球行业第一的中国台湾奇美公司，规模虽然没有王永庆麾下的台塑庞大，但是它的生产力却是同行业的4倍。

很多企业家都纷纷向奇美公司的董事长许文龙请教管理方案，但是说来奇怪，许文龙管理企业的风格和观念竟然是道家的“无为而治”，也就是所谓的“不管理学”。

虽然董事长是奇美公司的一级头衔，但董事长却是一个地地道道的虚位。令人大跌眼镜的是，许文龙连一间专门的办公室也没有。

据许文龙的下属说：“对于企业内大大小小的事情，许老板从不做任何书面指令，即使偶尔和我们开会，也只是聊聊天、谈谈家常而已。”

同时，许文龙也承认说：“因为没有办公室，我只好经常开车到处去钓鱼。很多时候，我根本不知道自己的图章放在哪里。”

有一次，突然下起了大雨，许文龙想去公司看一看。当员工们看到他时，很惊讶地问：“董事长，公司没有事情，你来干什么？”

许文龙想了想说：“对呀，没有事我来干什么？”于是，他又开车出去了。

许文龙的“不管理学”，让每一个员工感觉到了一种宽松的工作氛围。

正是由于这样的宽松，每个员工都愿意为公司竭忠尽智。

后来，奇美的发展实力，让美国和日本在内的同行们都畏之如虎，他们无不退避三舍。

“不管理”的管理方式，便是对员工信赖的表现，这样既训练了员工处理问题的应变能力，又给员工创造了一个充分发挥自己能力的平台。优秀的管理者不是训练工作的机器，而是将员工的潜力最大限度地激发出来，为企业服务。在每位员工的内心深处都有一把渴望燃烧的激情火把，而饱含信任的授权就是点燃这个火把的火种。而员工的激情火把一旦被点燃，就会产生巨大的力量，推动着员工不断努力、奋进，忠心不渝地献身事业。

“无为而治”是许多跨国公司的管理方式，也是管理最高的境界。一个善于用人的管理者绝对不会轻易怀疑自己的下属，也不会对下属从头管到脚，而是敢于放权，并给员工提供最大利益让他们为公司创造更多的财富。

“用人不疑，疑人不用”是用人之道，更是一种依托企业谋略、企业文化而建立的经营管理平台。

说话要讲适度：谨慎开口，掌握语言的艺术

“一言使人乐，一言使人厌。”这是语言的力量。要想成为一个受欢迎的人，口德、口才缺一不可，与人交往中，发挥决定性力量的就是语言。管住你的嘴，说话要适度，才能和谐地处理人际关系，得到人们的信任与好评。

*1.*用脑子想，用嘴说

说话是一门很值得研究的学问，“一言可以成事，一言也可以败事”；同样的意思，从不同的人嘴里说出来，给人的感觉也会不同；同一句话，不同的人说，往往结果也会不同……这就是说话的魅力，更是说话的力量。所以，一个人在与他人交往的过程中，说话的艺术很重要。

生活中，很多人喜欢与直爽的人来往，因为与这些人交往会使我们感到很轻松。他们会“有什么说什么”，而且待人真诚，不会耍心眼儿。也许你也会因为自己直爽的性格而受到很多人的欢迎，但是直爽也是要有度的，不是“不经大脑”就说话，也不是无所忌惮地把话“甩”出口，因为每一句话出口之后就不能收回，所以，我们应该为自己的每一句话负责。

“三思而后行”是古代圣贤为我们留下的宝贵的处世经验，意思是让我们在开口之前一定要用脑子想一想：这话说出来会有什么效果？说出来能不能做到？这句话说出口后会不会伤人？别人能不能接受这种说话的方式？都是说话者要考虑的问题。

一天早晨，一位农夫在野外散步时，从猎人的陷阱里救出了一只黄鼠狼，黄鼠狼对他感激不尽。

过了些日子，农夫在野外迷路，正巧遇到了黄鼠狼，于是黄鼠狼安排他住在自己家里，还用丰盛的晚餐款待他。

翌日清晨，黄鼠狼问恩人：“我很高兴能有机会为您做些什么来报答您的恩情，您对我的款待还满意吗？”

直爽的农夫说：“黄鼠狼，你招待得很好，但我唯一不满意的就是你身上的那股臭味儿，实在是太难闻了。”

虽然黄鼠狼心里感到十分不快，但嘴上却说：“作为补偿，您用斧头砍我一下吧。”农夫照做了。

几年以后，农夫又遇到了黄鼠狼，于是便问道：“黄鼠狼，你头上的伤好了没有？”

黄鼠狼说：“噢，那次的伤让我痛了一阵子，但伤口愈合后我就忘了，不过，那次您说的话我一辈子也忘不了。”

生活中，很多人会像农夫一样，本来没有什么坏心眼儿，却只顾一时的口舌之快，说话尖酸刻薄，使自己的话像刀子一样伤到对方的心。结果，多年之后，你可能早已经忘记当年曾经说过什么，但你当年的一句话却很可能成为对方一辈子的伤痛。肉体受伤会愈合，伤疤也会随着岁月而淡化，但心灵受到的伤害是对人整个精神的震撼，是一种永远的痛。

现在社会上存在着一种怪现象：那些说话不经大脑、直来直去，甚至过于鲁莽的人常常以自己的表现而感到荣耀，他们认为那是一种诚实的表现，也是一种个性。殊不知，与人交往需要的是智慧，看一下身边的人，为什么有些人受到欢迎，而有些人却被疏远呢？为什么有些诚实、说话直来直去的人却会受到同事的反感呢？那是因为他们根本不分场合地“直”，说话从来不经大脑，从而给别人造成困扰。

话从我们嘴里说出来的时候一定要先用脑子权衡一下：这话到底该不该说或者应该怎么说？为什么要字字句句地插向别人的心脏呢？无论是为了突出自己的伶牙俐齿，还是为了显示自己的权威，你所做的这些一点儿用处都没有，因为一个真正有智慧的人，绝对会管住自己的嘴巴。

做一个小测试吧：一天早上，你的经理进入公司后，你发现他的脸上还带着早餐的痕迹，你会怎么提醒他呢？是在工作区中大声喊："经理，您脸上有东西!"还是走到他跟前小声提醒他："经理，请您照一下镜子。"还是发条信息，或者等他走进办公室后打内部电话提醒他呢？

相信你的心中早已经有了答案吧！如果你发现早餐痕迹的瞬间采取了第一种方法，那么凡是听到你大喊的人都会看向经理，这时经理就会陷入尴尬的境地中，十有八九，你的好心他不会领。如果采取第二种方法呢？你突然走到他跟前小声提醒，但你的怪异行为一定会引来同事们的目光，猜测便会四起，经理可能会对你说声"谢谢"，但这个"谢谢"的含金量也可想而知了。第三种方法就是经过思考之后作出的决定，既影响不到经理的形象，又让经理感觉到你出色的办事能力。

"太直接"只会伤到人，且达不到你想要的效果。说一些人际交往中的外交辞令，在说话之前慎重思考，并不是虚伪和狡猾，而是为人处世的哲学。我们常说"良药苦口利于病"，可包上糖衣的药不但能治病，而且还去除了苦的味道，这时你还会选择难以下咽的苦药吗？所以，用你的智慧把你要说的话包上糖衣吧，这样的语言才可以称为真正的"良言"。

一次，德皇威廉二世派人把自己亲自设计的一艘军舰设计图交给造船界的一个权威人士，请他评估可操作性。图纸上还附有一封他的亲笔信，信里面补充说明绘图消耗了他多少精力，费了多少时间，并在最后拜托权威人士要仔细鉴定。

几个星期后，威廉二世接到了鉴定报告，这份报告的主要内容为数字推论组成的分析资料，足足有一大摞，只有一小段文字内容，而文字写得十分有意思：

“陛下，能见到您这一幅精美绝伦的军舰设计图我十分高兴，现在能为它作评估更使我感觉到荣幸。从图纸上可以看出，您的这艘军舰威武壮观、性能超强，足以称为全世界绝无仅有的海上雄狮。并且它有前所未有的超高速度和举世无双的武器配备，甚至还有当今世上射程最远的大炮和最高的桅杆。再看看军舰内的各种设施吧，可以说是一个豪华的宾馆，真是举世无双啊！当然，我在评估这艘军舰时也发现了它的一个缺点，仅有一个，那就是如果这艘军舰一下水的话，马上就会像装满铅的鸭子一样沉下去。”

威廉二世读完了这些文字，哈哈大笑起来，说：“看来，他真是权威人士呀！”

读完这个故事你会发现，“权威人士”的意思很简单：“你这是纸上谈兵，这张设计图就是一个空架子，根本不实用。”但是，他却用了婉转并且幽默的文字来回复威廉二世，这就是一种智慧。如果他直白地把意思表明的话，威廉二世恐怕并不会那么会心地去接受。

与人交谈时，所有的想法都要经过分析之后再说出口，小心谨慎地处理每一句话，这是一种能力，更是一门艺术。

2.指正错误的方式有很多种

在生活中，人与人之间的交流是不可避免的，在交谈的过程中，双方都希望彼此能说真话、说实话。但是在一些特定的场合和情况下，如涉及面子、自尊以及出于保密等等，这个时候，所谓的实话就要不说或者巧说了。特别是当有人出错时，如果你想要指出别人的失误之处，在他所能承受的范围内告知他错误之处。

道理很简单，每个人的心中都有一个强大的自己，一旦犯错，这个强大的自己便会充气，越发地壮大起来。这时候，如果你发现了他的错误，拿起针直接刺破的话，那么他就会受伤；这时，我们该选择合适的语言，间接地指出他的错误，使他清醒，并释放已经充起的气体。这样，不但错误及时纠正了，而且对方也不会受到伤害，他自然也会明白你的友善。

在一次事故中，主管生产的副厂长王坚石的右手手指受了重伤被送往医院治疗，厂长高晓冬来病房探望，询问了病情之后，说："咱们车间的小王和小李两个年轻人技术水平较强，但组织纪律观念较差，我打算把他们开除，你觉得怎么样?"高晓冬认真地说。

王坚石觉得这两个年轻人是难得的技术人才，如果开除有点儿可惜。但是，他知道高晓冬是说一不二的人，如果直说自己的意见，想必会引起高晓冬的反感。所以，他没有表态，只是突然捧着手"哎哟哎哟"地大叫起来。

高晓冬见他难受的样子，忙问："手又疼了吧?"

“可不是，实在太疼了，干脆把手锯掉算了。”王坚石一边抚摸着自己的手，一边有些无奈地说道。

听了这话，高晓冬忙说：“你疼糊涂了吧，手指受了伤，好好养着就行了，疼一阵就好了，怎么会想把手给锯掉呢，糊涂啊！”

王坚石点了点头，叹气道：“您说得很有道理，看来有时候我们看问题，往往因为太注重小的方面而忽视了大的方面啊！”

高晓冬听完，突然不说话了，过了一会儿，他终于感觉到了王坚石的“弦外之音”，笑着说：“放心养伤吧，小王和小李托您的福了！”

说完，王坚石也跟着笑了起来。

王坚石把手有病需要治疗类比人有缺点需要改正，巧妙地把用人和治病结合起来，既表达了自己的想法，又维护了与厂长之间的团结，实在高明极了！因此，说话不一定要“实话实说”，有些时候，转个弯也许会让事情解决得更漂亮。

人人都会遇到挫折或者做错事，当出现这些情况时，人往往想到的是从他人那里得到理解和慰藉。如果这时候，你不去安慰或者帮助对方，而是不合时宜地泼一瓢冷水，不仅达不到预期的效果，反而会让对方觉得更加难以承受。面对那些过失与错误，即使我们再生气，再“恨铁不成钢”，也要学会克制自己，你的“直言相告”只能适得其反，甚至会成为恶化你们关系的导火线。

丹尼太太为了装修房间请了几个建筑工人。

第一天，工人动工后，把她的院子弄得乱七八糟，装修材料随处可见，而且一些废料也扔得满地都是。不过，因为他们的施工水平很好，丹尼太太也不想因此而闹出一些不愉快，便没有说什么，只是自己默默地收拾了。

但是，随后的几天，问题越来越严重，她每次回家的时候，院子总是乱七八糟的，木头屑随处可见。丹尼太太陷入了苦恼中，等工人下班后，她依旧把所有的材料归类整理好，然后把院子打扫干净。在扫地的时候，她突然想到了一个办法。

过了两天，她把工头叫到一边，悄悄地说："你们的施工我很满意，而且最满意的是，你们把胡同也清理得那么干净，没有惹邻居们的非议。"

之后，丹尼太太发现，工人们每天施工完毕后都会把材料整理起来，把废料收拾到角落中，有时候，工头还会检查院子是否整洁，甚至自己拿起扫帚来清扫。

丹尼太太并没有直接告诉工头，他们把自己的院子弄脏了，而是以赞扬的方式把自己的意见表达出来：胡同整洁不会影响到邻居，但是院子不整洁一定会影响到雇主的生活，最后他们因为丹尼太太婉转的话语而及时改正了自己的错误。假如一开始，丹尼太太发现问题后就大吵大闹呢？结果可想而知，任何带着情绪的工作完成的效果都不会很理想。

因此，当你发现别人犯了你无法忍受的错误，或者当你的观点与别人不一致，再或者你想说服别人的时候，与其"直言不讳"地与人发生争执，不如把你的话转个弯，效果会更好。语言是一把快刀，同样的一件事情，换一种婉转的表达方式可能会收到意想不到的效果，何必要快刀伤人呢？

3.别人的隐私没有那么可笑

人们似乎都有一种爱好，总喜欢在茶余饭后聊聊天，偶尔说两句别人的隐私。当然，这其中必有一些喜欢把别人的隐私公布于众的人，他们喜欢拿别人的秘密来找乐子，虽然有时候并不是有意为之，但他们无意的“闲聊”却有可能深深地伤害当事人的心。

古语说：“祸从口出。”为人处世一定要谨言慎行，什么话可以说、什么话不可以说；什么玩笑可以开、什么玩笑不可以开，这些都是值得人们注意的问题。心理学研究表明：任何人都不想在众人面前暴露自己的隐私，更别说被人拿自己的隐私开玩笑了。所以，不要以为自己的“幽默感”能让每个人都接受，当你展示你自己的“幽默感”时，适度更重要。

张珊是一家保险公司的内勤，她是一个冰雪聪明的女孩子，不仅头脑转得很快，言辞犀利，而且还很有幽默感，同事们都称她为“开心果”。不过，这么清新可爱的小“开心果”却总是得不到老板的提拔，与她一起进公司的很多人都升了职，只有她仍然停滞不前。

其实张珊的工作非常努力，即使加了一整夜的班，第二天她也会早早地赶到公司。但是，就是这么努力工作的一个小姑娘，却常常会受到一些不分青红皂白的批评，老板说她的工作不够仔细、主任说她的工作不在状态、同事也说她对工作很不在乎。张珊觉得自己委屈极了，平时自己已经很努力地工作了，但为什么却得到那样的评价呢？于是，她找到平日与自己比较谈得来的同事请教，同事想了想，反问道："想想你平时的言语有没有问题呀?"

同事这么一问，张珊终于想起来了，她本来就是一个很爱开玩笑的人，平时常常与同事开开玩笑，以此来缓和一下办公室里紧张的气氛。后来，她觉得老板看起来斯斯文文的，而且对下属也总是笑眯眯的，于是，她的胆子大了，竟然开起了老板的玩笑。

一天，老板穿着一身新西装来上班，所到之处听到的都是"您今天真精神!""您今天很帅气!"之类赞美性的句子。但是，张珊看到老板的衣着后，竟然夸张地大叫："老板，您今天穿新衣服了呀！哟，这款式好像是去年流行过的啊!"当时，老板的脸色马上就变了，但大大咧咧的张珊却没太在意。

第二天，张珊带着刚谈好的客户和协议书来找老板签字，老板很有自信地拿起签字笔龙飞凤舞地签上自己的名字，客户连连夸奖道："您的签名可真气派!"张珊听到这儿，突然"噗嗤"一声笑了出来，她大笑着说："能不气派吗?我们老板可是暗地里练了3个月了！而且，他只要写好这3个字就可以走天下了！"张珊没头没脑的话让老板和客户都陷入了尴尬。

想到这儿，张珊突然明白了，她即使再聪明能干，都无法得到重用，那是因为她黑色幽默式的"幽默感"成了阻碍她前程的杀手。

张珊之所以一直不受重用，完全是因为她那无处不在的"幽默感"，任何一个人都不会喜欢别人拿自己的隐私来"找乐子"，可张珊却三番五次地拿老板的隐私来取乐，她的"幽默"的确很难让人接受。

适度的玩笑的确可以拉近同事的距离，缓和人际关系，但是，开玩笑要开得恰当、得体。开玩笑是一个人思维敏捷、睿智幽默的表现，但是如果开玩笑没有尺度，只能给自己或者别人带来伤害，甚至会导致朋友反目，同事关系崩溃。

吉米的同学与妻子刚结婚两个月，就生了一个小孩，同学们都纷纷来祝贺。吉米拿着自己准备的礼物来到了同学的家中，他准备了儿童早教机。同学谢过他后，笑着说："你准备得有点儿早哟，现在孩子才刚刚出生，要用上最早也得两年后呢！"

吉米笑着说："怎么会呢？您的小孩性子多急啊，本来9个月后才能出来，结果你们结婚两个月就出来了，所以，再过几个月也许他就可以上幼儿园了呢！"

吉米的话刚说完，全场便哈哈大笑起来，同学夫妇也尴尬地笑笑。

吉米有口无心的话显然暴露了同学妻子未婚先孕的事实，一个玩笑使在场的所有人都陷入了尴尬的境地。同学和妻子不知道该怎样去接吉米的话，吉米已经把他们变成了众人茶余饭后的闲谈话题，这是谁都不想发生的事。

有时候，别人把自己的隐私告诉你，那是把你当成朋友信任你，你有口无心的玩笑是斩断你们朋友关系的利刃。俗话说："说者无心，听者有意。"当你拿朋友的隐私来调侃时，他们可能会认为你有意与他们过不去，心里便会暗暗与你疏远。如果他们的隐私是他有意去做的，并不想别人知道，那么你的调侃便会给他们带来不利，也会给你带来麻烦。

玩笑不是不可以开，而是要知道怎样去开，在人与人的交谈中，最忌讳的是涉及别人的隐私。每个人都有自己的秘密，换位思考一下，如果你不想让人知道的事却被人拿来当笑料，你的心情会怎样？因此，玩笑要开得适度，如果要表现自己风趣幽默的一面，首先要三思而后行，千万不要靠着一些"揭秘"、"内幕"作为与人交往的工具。

4.点到为止，让批评来得没那么痛苦

在日常的人际交往中，对于自己的错误，我们会自我批评；那么，对于别人的错误，我们的批评是否取得了好的效果呢？当我们占领主控的局面时，便会习惯性地批评别人，这是每个人都有的心理。特别是作为领导者，批评更是司空见惯的事情，但是，你学会批评了吗？别人是否接受了你的批评呢？你的批评有没有让你的人际关系变得紧张呢？

在生活中，我们遇到过不少的批评。上学时，一旦做错事，便会被老师“请”到办公室，“动之以情，晓之以理”地训诫；上班后，一旦出现失误，老板便会给自己“补课”，小会上点名，大会上举例子，反复提醒；在人际交往中，常常会被别人发现缺点和过错，于是那些“旁观者”便如同老师和老板一样，唠叨个没完没了。以上这几种情况是每个人都会遇到的，那么你的心情如何呢？

这样换位思考一下，你是否明白了什么？批评别人是每个人都会做的事，但批评一定要在双方人际关系和谐的基础上去做，谁也不喜欢老师反复地鞭策、老板无休止地批评，更不喜欢朋友不停地提醒。俗话说：“好话不过三。”像批评这种帮助别人改正习惯的话更不要多说。会做思想工作的人，在对别人批评教育时，总是三言两语便收住，给对方留下思考的余地，这样做往往比填鸭似的灌输更为有效。

某学校的一位已婚教授与一名校外的女子关系暧昧，这位教授的妻子便

闹到了学校里，教授在学生中的形象瞬间崩塌。

虽然事情很快以校外女子退出做了了结，不过，教授的妻子还是抓住不放，整天抓住这一“生活作风问题”训斥教授。虽然每次教授都很诚恳地道歉，并承诺以后不会再发生此类事件，但妻子仍是不依不饶。

教授在单位被人议论纷纷，回到家妻子就不停地批评他的“生活作风”，而且，妻子也变得疑神疑鬼起来，只要教授跟女子说话，她就会把之前教授与校外女子的事情抖出来指责丈夫的不忠，甚至还闹到了教授的父母那里。

终于有一天，教授向妻子提出了离婚，他承受不了如此大的精神压力了，妻子从早到晚的疑心与指责让他感到精神崩溃。最终，两个人离婚了，在民政局的门口，教授的妻子放声大哭。

批评、指责要适可而止，没有必要非置对方于死地。批评的目的是为了帮助对方认识错误、改正错误，而不是无休止地重复，把一次错误当成一辈子的把柄。教授的妻子把丈夫过去的错误反复地提起，纠缠不休，最终把丈夫“推”向了门外，简直是一种极愚蠢的做法。“金无足赤，人无完人”，过去的错误已经停留在过去了，没完没了地批评也于事无补，何不给对方一个改正错误的机会呢?

古人说：“遇沉沉不语之士，且莫输心；见悻悻自好之人，应须防口。”也就是说，无论在什么情况下，与人交往、为人处世中一定要掌握说话的玄机。再好的话也要有尺度，再亲密的关系也要有分寸，再容易的事也要讲策略，再自由的氛围中也要有节制。当你站在“山顶”说出一些批评别人的话时，没有必要纠缠不休、没完没了，更没有必要非得一句话置人于死地，有时没有必要非得点破那层“窗纸”，任何人都有分析能力，你的批评点到为止，效果会更好。

在战国时期，齐景公有一匹心爱的马突然死了，齐景公非常伤心，一定要杀掉马夫以解心头之恨，众位大臣一起劝阻齐景公不可为一匹马而滥用刑罚，而齐景公心意已决，无论谁的劝说也听不进去。

这时，国相晏婴走了出来，所有的大臣都松了一口气，他们以为晏婴也要劝诫齐景公，但是，晏婴却明确地表态说："这个可恶的马夫，该杀!"此话一出，众臣刹那间鸦雀无声。

齐景公听了这话，正顺了他的心意，于是，便把那个心含冤屈的马夫带来，对晏婴说："你就向众臣公布他的罪状及该杀的理由吧！省得他们总是不服!"

晏婴点点头，说道："你有三大罪状，条条都是死罪，请听好：第一，你不认真饲马，让马突然死去；第二，你让马突然死去，惹恼我们的君主，使君主不得不处死你。"

齐景公听到晏婴说了两条死罪，心里十分满意，便说道："快说第三条吧!"

晏婴笑笑说："第三条，也是最重要的一条，你触怒君主，现在君主要因为一匹马而杀死你，这样天下的人都知道我们的君主爱马胜于爱人了。那么，天下的人都会觉得我们的君主无能、残暴，这些都是你招来的，这是死罪中的死罪，罪不可赦!"

齐景公本来还连连点头咧着嘴笑，听完晏婴所说的第三条罪状后，突然停住了笑容，特别是那句"天下的人都知道我们的君主爱马胜于爱人"更是让他不知所措，如果天下的人都是这样想的话，那么他这个国君岂不是成了滥杀无辜的暴君?

这时，晏婴又吆喝一声："来人，还不按大王的意思将马夫推出去斩了!”齐景公吓得赶紧制止，并对晏婴说：“相国息怒，寡人知错了。”

晏婴并没有正面批评齐景公，以臣子的身份怎么能直接批评主上呢？但是，作为良臣又不能看着君主犯错，于是，他以点到为止的方法点醒了齐景公，取得了良好的效果。当该说的话不能说也要说时，就要注意你的说话方式了，一定要在不伤害自身的利益，更不能损伤彼此关系的前提下说出自己该说的话，让对方思考之后认可你说的话，比你直接点出所得到的效果更好，这也是你修养与智慧的体现。

批评他人是一种艺术，它的出发点在于如何让对方虚心接受批评并及时改正自己的错误，同时也使自己的人际关系更加和谐。所以，批评更要讲究艺术，不要没完没了地反复强调；不要不分场合就“仗义执言”；不要过于犀利、刻薄……无论你的出发点如何，无论对方的过错让你多么生气，批评都要适度而行、点到为止。

5.把握分寸，适时表示拒绝

很多人为了在别人面前展示自己，得到别人的认可，总是想尽量帮助别人做更多的事。而在某些情况下，一些人也常常为了节省自己的时间，把本来属于自己的任务交给别人去做。特别是进入职场的新人，本来自己已经忙得不可开交了，但对别人要求的事情，哪怕再不合理，自己心里再不愿意，也不懂得怎样去拒绝，这便成为新人最大的困扰。

职场“老好人”处处都是，他们就是因为不懂得拒绝，才会造成整天忙得不可开交，可自己的主要工作却总是不能及时完成，即使完成了，也不够完美。所以，我们要学会职场或者人际交往中的拒绝是很重要的，但是，这种拒绝也要把握分寸，掌握技巧。

卡耐基说："学会拒绝的艺术，既可减少许多心理上的紧张和压力，又可使自己表现出人格的独特性，也不至于使自己在人际交往中陷于被动，生活就会变得轻松、潇洒些。"拒绝，是不接受的意思，既然是对别人的要求或请求的否定，那么当你拒绝别人时，就一定会给别人带来心理波动，如果拒绝的态度冰冷、生硬，更会使人心生不快，甚至感到伤了面子而萌发忌恨。

公元1799年，年轻的拿破仑在意大利的战场上取得了全胜，凯旋而归。从此，他在巴黎的身价倍增，许多豪门贵妇都对他表示了青睐。虽然拿破仑并没有恋爱、结婚的想法，也对那些贵妇毫无兴趣，但有些人还是对他紧追不舍、纠缠不休。

其中，对拿破仑紧追不放的就有当时冠有"才女"之称的文学家斯达尔夫人，她连续几个月一直在给拿破仑写信，她在信中表达了自己的仰慕之情及想要结识拿破仑的意愿。但是，拿破仑对此并没有在意。

一天，拿破仑受邀参加一个舞会，他从远处就看到斯达尔夫人头上缠着宽大的包头布，手上拿着桂枝，穿过人群，迎面向自己走来。他一时躲避不及，被斯达尔夫人挡住了，"将军，请接受我献给英雄的桂枝花吧。"斯达尔夫人递给拿破仑一束桂枝，满面堆笑。

拿破仑并没有接过桂枝花，他尴尬地笑笑说："不，女士，您应该把它留给缪斯（希腊神话中头顶桂枝的文艺女神）。"

斯达尔夫人认为这只是拿破仑的一句俏皮话，并没有在意，仍继续纠缠着问拿破仑：“将军，您最喜欢的女人是谁呢？”

拿破仑本想直接告诉她：“反正不是你！”然后迅速离开这里，但是出于礼貌，他并没有直接回答，而是端起侍者托盘中的葡萄酒说：“今天的葡萄酒真不错。”

斯达尔夫人还是没有领会拿破仑的意思，反而眼睛一亮，惊喜地说：“您很喜欢这种葡萄酒吗？那我们来喝两杯。”

“外面好像下雨了。”拿破仑望着外面，心不在焉地说。

斯达尔夫人也看了看窗外说道：“哦？将军，您喜欢下雨吗，我也很喜欢这样的天气。”

“是的，我很喜欢，我想这时，我的妻子应该在给孩子们做饭了吧。”拿破仑继续说道。

斯达尔夫人听到这儿，脸色突然变得不好看了，她明白拿破仑是在拒绝自己，只好尴尬地离开了。之后，她再也没有给拿破仑写过信。

面对斯达尔夫人的追求，拿破仑并没有采取直接或粗暴的方式拒绝，而是采用了答非所问、顾左右而言他的拒绝方式来答复对方，既让对方知道了自己的想法，又让对方好自为之，这便是一种巧妙的拒绝。

其实，拒绝的方法有很多种，从语言运用的技巧方面来说，我们可以运用直接拒绝、委婉拒绝、沉默以及回避转移等方法来表示拒绝的态度。但是，对于这几种方法的运用更要适时、适度、把握分寸，不然，不仅达不到目的，反而会让事态越变越严重。

直接拒绝，最忌讳的就是态度生硬、语言刻薄。一般情况下，我们直接拒绝别人时，一定要把原因讲明白，取得对方的理解，并感谢对方对自己的信任以及自己不能帮助对方的歉意。有些人对于说出拒绝的原因很不屑，他们认为说“不”就是结果，说原因只能让对方认为自己在“找借口”，其实，这并不是“借口”，而是给双方铺设的台阶。

当你拒绝别人的刹那，双方都会陷入尴尬，所以你的“借口”是为你们双方解除尴尬的催化剂。在有原因的情况下，对方不好强人所难，你也可以全身而退。值得注意的是，找借口拒绝对方时一定要找一个合理的借口，不要让对方轻易就看穿你是在敷衍他，以免让对方不快。

委婉地拒绝对方是我们最常用的拒绝方法，这种方式很温和，更容易使人接受，而且它在最大程度上保全了被拒绝者的尊严，双方都心知肚明的事儿，就没有必要戳破。

有一回，刘梅的一个亲戚来到她家，东聊西聊到很晚也没有要走的意思。刘梅本来与客户约好了饭局，现在亲戚不走，她也没有办法出门。

刘梅左思右想，总不能直接对亲戚说：“我还有事儿，您快走吧！”之类的话，也不能就这么陪他耗下去等他自觉离开呀！无奈之下，刘梅想到了一个办法，她对亲戚说：“表叔，我们家阳台上的盆栽瓜果都开花了，您要不要看看呀?”

亲戚听到这话，欣然起身跟着刘梅到了阳台，欣赏完几个茂盛的盆栽之后，刘梅赶紧说：“您还去客厅坐坐吗?”

亲戚看看天色，也很识趣地说：“不了，不了，我该回家了。”

刘梅带亲戚来到阳台欣赏盆栽时，貌似开始了一个新的话题，但也恰好抓住了结束话题的机会。这样，她既把自己的意图委婉地表达了出来，又维护了彼此的情感，而且也不耽误自己的事情，实在是两全其美！当然，有些时候，对于很熟悉的朋友，我们也没有必要这样煞费苦心，你可以直接告诉他，他也可以谅解的。

沉默以对指的是当你面临难以回答的问题时，便可以中止“发言”，“沉默是金”，当你突然中止语言时，别人便会不知道你到底在想什么，从而产生极强的心理威慑力。比如，当有人向你提出一些具有挑衅性、侮辱性的问题时，你便可以一言不发，这表明无可奉告的意思，对方在这种情况下也就不会再无休止地追问了。当然，如果沉默运用不得当的话就会伤到人，对方会觉得你对他很不屑，也会因为你的沉默而产生反感。

回避转移的意思是“顾左右而其他”，也就是说我们可以不去正面对待问题，而是“剑走偏锋”，把问题先搁置下来，转而讨论其他的事情；也可以用一些其他的事情来向对方暗示自己的态度。对于回避转移这种拒绝方法，更是考验你的运用技巧以及对分寸的把握程度。

销售经理正在与一位新客户洽谈生意，这时，他的手机突然响了，打电话来的是一位老客户，销售经理立刻在新客户面前接了电话。

“我们公司经过权衡之后，觉得还是撤销我们之前答应的购买协议吧。”这最后通牒似的一句话让销售经理顿时陷入了双重压力之中，他既要从老客户那里挽回败局，又不能在新客户面前泄漏失败的信息。

如果他直接拒绝老客户，新客户肯定能从中听出端倪，对他产生戒备心理；如果他接受老客户的退货计划，那么自己就会承受莫大的损失。该如何回答这通电话呢？这时，销售经理清了清嗓子，很客气地对着电话说：“哦，这没关系，不过，我现在正在与一位朋友谈要紧的事情，我们明天再详细谈谈，您看怎样?”

“那好吧，明天面谈。”老客户挂了电话，新客户也没能从销售经理的通话中听出什么问题，这便是他的一条缓兵之计，这一缓兵之计既拖住了老客户，又避免了吓跑新客而造成鸡飞蛋打的局面。

在与人的交往中，当有些话不方便也不必要急于去说的时候，可以缓一缓、拖一拖，也许过了这段时间，一切都会改变。有些时候，你也可以转移话题，把你的被动地位转移到对方那里，从而让对方改变意图，达到拒绝的目的。

当你运用转移法的时候，一定要自然流畅、准确熟练。在你说话的时侯一定要让对方感觉你的话与你的目的毫无关联，这样才能成功地由一个话题转移到另一个话题上，从而一步一步达到你的目的，否则不但达不到目的，还会适得其反，出现难以预料的结果。

在与人交往的过程中，永远不拒绝他人是不可能的，我们每个人都想成为一个左右逢源的人，但毕竟一个人的精力和时间是有限的。所以，恰当地表示拒绝、温和而坚定地表明自己的态度是人际交往中的必备本领。用适度的语言把握好拒绝的分寸，不但能让对方在遭到拒绝后把失望和不满的情绪降到最低，而且还会给对方留下你为人真诚的印象，这样才能创建良好的人际关系网，让自己的工作和生活环境更舒适。

6.在公共场合不要触及他人的“逆鳞”

传说在龙族喉下直径一尺的地方的鳞是倒着长的，全身也只有这一处的鳞是倒长的，人们把它称为“逆鳞”，这是龙族最脆弱的部位，所以无论是谁触摸到这一部位，龙族都会大怒并且把他杀掉。其实人也是如此，无论一个人的出身、地位、权势等有多么了不起，也有一处弱点，它不能被人提及，也不容被人冒犯，就像龙族的“逆鳞”一样。

但是，在人际交往中，我们会遇到一些人，他们常常会触及到别人的“逆鳞”，说话时偏偏“哪壶不开提哪壶”，让人感到很不适。其实“逆鳞”是每个人都想回避的缺点，而人们自己心里也很清楚，但是由别人嘴里说出来就会觉得很不舒服。俗话说：“打人不打脸，骂人不揭短。”如果你总是揭别人的伤疤，那么必定也会遭到对方的反唇相讥，最后两败俱伤。

一天黄昏，小麻雀、蚊子和大青虫都在森林里玩耍，它们不约而同地到了河边，便在河边的大树下聊起天来。

小麻雀很喜欢炫耀，它“唧唧喳喳”地说了起来：“不是我夸口，我的生活可真是够潇洒。平时自由自在地飞行，有的吃，有的喝。每年粮食一成熟，那些种庄稼的人还没有尝到新粮食的味道，我早就先吃到嘴里了。”

“吃到新粮食有什么稀罕？我吃的可是营养丰富的血，而且想吃什么人的血就吃什么人的血，为了能享受到这口福，我什么地方没去过？这一点你们谁都比不了。”小麻雀刚一住嘴，蚊子也不示弱，“嗡嗡”地说道。

在一旁的大青虫看小麻雀和蚊子各自显示自己的能耐，它也不服输：“你们都以为自己最有本事，可是你们根本没想过，水果才是最美味、最有营养的。每当各种水果熟透了的时候，还不是我先尝鲜。”

“你们3个说得都有道理！”一个沙哑的声音传来。

小麻雀、蚊子和大青虫3个回头一看，一只老乌龟摇摇摆摆地从河里爬上岸来，也来到了大树下。

“我已经听了好一会儿了，实在忍不住，便插了一嘴。小麻雀你只知道说吃新粮食的骄傲事，怎么不提挨打的事？不是常有孩子用弹弓打你们吗？蚊子，你只是说你能去千家万户，喝很多人的血，听起来你真是够神气的了，可怎么没听见你说有很多次差点儿被人拍死的情况呢？至于大青虫，你就更不用吹牛了，人们每次打农药的时候，你们就无处躲藏，你至今还好好地活着纯粹是侥幸，还炫耀什么呀！”

小麻雀、蚊子和大青虫低下了头，老乌龟继续说道：“你们有谁可以像我啊，我根本不用四处去寻找食物，河里什么都有，我每天只要优哉游哉地游泳、散步就可以了，你们瞧我多自由啊！”

老乌龟的话刚说完，就有一阵脚步声传来，小麻雀、蚊子慌忙飞走了，大青虫也躲到一片落叶底下，老乌龟却没来得及逃走，被捉住了。

故事中，大家都在为自己辩护，夸耀自己的长处，揭发并批评别人的短处，长自己的志气，灭别人的威风。结果，老乌龟出来把所有人的短都揭了一遍，那么它就是完美的吗？最终还不是落得被人捉走的结果。

在与人交往中，适度地避开别人的短处是维系人际关系的最好方法。如果你总把眼光盯到别人的弱点上，而且在交往中总是拿别人的弱点来开玩笑，或者把别人的弱点作为攻击的目标，那么你的朋友只会越来越少，最后只剩下你自己。

明太祖朱元璋出身贫寒，做了皇帝后自然少不了有昔日的穷哥们儿到京城找他。

一天，一个曾与朱元璋儿时一块儿光屁股玩的好友从他们的老家凤阳千里迢迢地赶到南京，经过了很多波折之后，他终于见到了朱元璋。一见面，他难掩激动的心情，对着朱元璋大喊：“哎呀，朱老四，你当了皇帝可真威风啊！还认得我吗？当年咱俩可是一块儿光着屁股玩耍，你干了坏事儿总是让我替你挨打。还记得咱们偷豆子吃的事儿不？咱们偷了豆子之后，背着大人用破瓦罐煮，当时豆子还没煮熟你就急着抢，结果把瓦罐都打烂了，豆子也撒了一地。对了，当时你吃得太急，豆子卡在嗓子眼儿，你没忘吧，还是我帮你弄出来的呢!”

朱元璋听完这位老乡的话，顿时生气了，虽然他说的是事实，但是当着后宫娘娘和奴才的面揭自己的短处，让他这个当皇帝的脸往哪儿搁呀！于是，以犯上罪下令痛打这位老乡之后将其逐出宫外。

任何人因为成长经历的不同，都有自己的缺陷、弱点，无论是生理上还是心理上的，都不愿被人再次提及，特别是在众人的社交场合，更是尽量回避或者隐藏。而且，在中国人的心目中，“面子”很重要，如果你说的话或者开的玩笑伤了别人的面子，那么他也许会采用某些方法反击回来，结果只能两败俱伤。

像情感问题、身体状况这类的事情本来是一个人的隐私，谁都不想被别人评来评去，所以无论出于什么样的心情，都不要在公开场合触及这些“逆鳞”，当你自以为出于好心的劝解、询问、安慰时，就已经是在“哪壶不开提哪壶”了。你的心也许是最坦诚、最诚实的，可是它却像笨重的昆虫一样，狠狠地撞破了自己已经建立的人际关系网。

“瘸子面前不说腿短，胖子面前不提身肥，东施面前不言面丑”。这是每个人都应该知道的常识，那些缺点错误或者别人失意的事最好避而不谈，哪怕再熟的人也要有所忌讳，这是维系自己人际关系网的前提，也是尊重他人的表现。

如果当对方的缺点和错误无法回避，必须当面指出时，你也要顾及场合及对方的尊严，而且言辞一定要委婉而含蓄。当然，对于别人那些生活中的不幸，最好不要主动引出话题。“不揭他人之短，不探他人之秘，不思他人之旧过，则可以此养德疏害。”这是《菜根谭》告诉我们的至理名言。

7.说服不只要让对方口服，更要心服

在你的生活中，一定会遇到过这样的事：对于老师的训斥，你的心里即使有一百个不服，嘴上也会说："我错了！"对于爸妈的叮嘱，你心里再不屑，也会说："我会注意的！"对于老板的命令，你就是觉得漏洞百出，也不得不说："我马上去做。"因为他们都是会主宰你命运的人，所以你只能心口不一地去敷衍。

同样，你有没有想过，当你身边的人与你意见不同时，他们真的是口服心服了吗？他们有没有去敷衍你呢？因此，我们要知道真正有效的说服不在于你的身份、地位，也不在于你如何坚守自己的意见，而是取决于对方是否真的听进去你的话。

任何人都喜欢坚持自己的意见，当别人提出反对意见时，也会坚守那份自尊心。所以，当遇到一些反对意见时，一定要冷静下来与对方沟通，因为你的目的不是赢得别人的掌声，而是赢得别人的心。

李自成揭竿起义直取京城。当他进入京城后，见到了陈圆圆，想到了当年吴三桂为了争夺陈圆圆而闹得满城风雨的事，觉得这种"红颜祸水"是断然留不得的，于是下令将陈圆圆拉出去绞死。卫士们领命后还来得及动手，陈圆圆就自己站了起来，蔑视地看了李自成一眼，冷笑一声转身就走。

李自成看到陈圆圆的表情觉得很伤自尊，大喝道："回来！你这冷笑是什么意思？"

陈圆圆回过头来，跪下行了个礼说：“小女子早闻大王威名，以为大王是位纵横天下、叱咤风云的大英雄，想不到……”

“想不到什么?”

“想不到大王却畏惧一个弱女子!”

“孤怎么会畏惧于你?”

“呵呵，大王，小女子也是出身良家，后坠入烟花之地，饱尝风尘之苦，实属身不由己。当初被皇帝霸占，后来被吴总兵夺去，现在又被大王的手下抢来，这些都不是小女子的本意呀。现在大王说要将小女子绞死，那么请问大王，小女子何罪之有？大王仗剑起义，不就是要解民于危难、救天下之无辜吗？小女子正是无辜的可怜之人，大王为什么要将小女子赐死呢？只有一种解释，那就是大王畏惧小女子。”

李自成听完陈圆圆的话之后，无言以对。

陈圆圆断续说：“如果为了大王着想，您下令绞杀小女子，实非聪明之举呀!”

“说来听听。”

“小女子听说大王有撤出京城的打算，不知可有其事?”

“有又怎样，没有又怎样呢?”

“如果大王打算撤出，是想平安撤走还是想被追袭而逃呢?”

“当然想平安撤走，你这话是什么意思?”

“大王，吴总兵为先锋，兵势甚锐，小女子听说他正向京师进逼。小女子为蝼蚁之命，但是大王杀了我却无丝毫益处，如果大王留下小女子，小女子将感念大王不杀之德，必当尽心竭力使吴总兵滞留京城，不再追袭。大王不仅可保全实力，全师而退，巩固西京，而且不久又可东山再起。这其中的利害，请大王三思。”

陈圆圆的话触到了李自成的心病，他不由身子前倾，问道："你果真能使吴三桂滞留京师吗?"

"大王您为什么要杀我呢？不就是因为吴总兵为了小女子起兵反叛吗？那么大王杀了小女子，不是适得其反，必然激起他更大的复仇心吗？如大王留下小女子，小女子愿指天立誓，将千方百计使他滞留京城，不再追袭。小女子如有背信，天杀雷击。"

李自成想了想，觉得陈圆圆说得很有道理，而且即使她不能使吴三桂滞留京城，也可以拖延时间，于是说："很好！孤相信你，留下你好了。"

我们不得不佩服陈圆圆的口才，她不急不缓的话语使得李自成心服口服，自然李自成也就收回了杀死她的命令。说话只说到让人嘴上服是根本不行的，要说到人的心里去，心服口服，那才是真正有技巧的说话方式。

有些人在与人的沟通中根本不得其法，往往会让对方进入一种"看你好戏"的状态，这样不仅达不到说服人的目的，反而会让自己更加被动。就像我们看电视剧一样，剧情展开之初，我们会对电视剧百般挑剔，但随着情节的推进，我们就会慢慢地陷入其中，到了最后甚至还会跟着主人公的情感一样跌宕起伏。

当你在说服别人时，没有必要急于求成，最好的办法就是让对方在不知不觉中接受你的意见，相信你所说的话。

机房重地的大门上有一把坚固的门锁，钢锯、铁棒比赛看谁能先将这把门锁打开。

钢锯仗着自己牙齿锋利，心想，我一定可以打开这把锁。可是钢锯卖力地左锯右拉了半天，门锁依旧不动如山，自己却气喘如牛，累得半死。

粗大的铁棒看不过去，要钢锯稍事休息，换由自己上场。它使劲地撬，没命地捶，费了九牛二虎之力，门锁还是无法打开，自己却弄得遍体鳞伤。

正在这时，一把毫不起眼的钥匙悄悄地出现了，它说："我可以试试将这把门锁打开。"

钢锯、铁棒气喘吁吁地看了一眼钥匙，不禁大笑道："哈哈，我们俩个这么威武有力都打不开，你那么小的身躯更不能打开了，你不要自不量力了。"

钥匙不听它俩的嘲笑，径直地走过去，把自己扁平而弯曲的身子深入锁孔，一会儿的工夫，那把坚固的门锁应声打开了。

"这怎么可能呢？你是怎么做到的？"铁棒和钢锯既惊讶又不服气地问道。

"我是没有你们有力量，但是我最懂它的心。"钥匙温柔地回答。

每个人的心上都安装着一把牢固的大锁，这便是造成"口服心不服"的主要原因，是人与人之间沟通的最大障碍。那么，怎样才能解决这一问题呢？显然高压强制等手段是完全不行的，即使在重压之下锁被打开了，钥匙仍旧不能进入锁心。

俗话说："人心都是肉长的。"无论双方的认知距离有多大，只要你善于用行动证明你的诚意，就会促使对方去理解你的苦心，让其从固执的圈子里跳出来，最终赢得对方的心。

办事要讲速度：用行动消除拖延，用方法战胜盲目

想到而不去行动，计划只能一拖再拖；着手行动而不思考，结局可能大相径庭。想要在工作和事业上取得成就，就该让自己变成“行动派”；想要生活的质量不因忙碌的工作而受影响，做事就必须讲求方法，方法对了才有效率和质量，事情用最快最短的时间做好了，才能为自己赢得更多享受生活的时间和机会。

*1.*现在就做，立刻马上

我们儿时可能会有这样的经历：冬天上学的时候总是喜欢窝在被子里不愿起床，总是要拖上几分钟才满意，最后匆匆忙忙、提心吊胆地去学校，生怕迟到了挨老师的批评。回想起来，实在是得不偿失。古代人常常说“闻鸡起舞”，他们往往在天没亮的时候就开始着手干手中的事儿，他们从骨子里就散发出强大的气场，杜绝惰性和拖拉的天性。但随着时代的变迁，当人们的物质生活逐渐得到改善的时候，“惰性”和“拖拉”两个不良的习惯似乎成为了当代很多人的通病。比如一件事情明明可以很快地做好，但却硬是要拖到最后，非要在急急忙忙之下去完成，不仅时间浪费了，连事情也没做好。

知名企业家马云在商业圈很有信服力，马云之所以能够成功，与他做事秉持着“现在就做，立刻马上”的原则有着莫大的关系，反而一些喜欢拖拉的企业家在业绩上总是平淡无奇。有这样一个例子，可以从中了解到“惰性”和“拖拉”带来的危害。

丹尼尔是一家游戏公司的软件开发编辑，初到公司就展现出自己的才能，公司高层对他的能力一点儿也不怀疑。但是丹尼尔有一个缺点，就是工作效率缓慢，明明可以 1 个小时完成的工作，他却要花去 3 个小时，经常不能在规定的时间内完成公司布置的工作任务。

最近公司开发了一个新的游戏方案，而公司的竞争对手也在通宵达旦地设计另一款游戏程序，这就意味着哪家公司的游戏先上市，获得的市场份额就会多。在这种情况下，公司高层都很着急，主管要求丹尼尔在两天之内完成任务。丹尼尔接过任务后，一点儿也不着急，心里想着：反正还有两天的时间呢！他依旧像平常那样，上班时先逛逛微博，去QQ空间收菜，接着又去浏览时尚与潮流等信息的网页，等到他想到工作的时候，已经是中午了，于是便零零散散地上了几个小时的班，糊弄到了下班。

第二天早上，丹尼尔本想早点儿着手工作，可忽然听到同事们谈论游戏的事，他想到一款很久没有玩了的游戏，心里不免有些痒痒，便给自己找了个借口：工作不急于一时，先玩一会儿游戏再说吧。时间一点点地过去了，丹尼尔沉浸在游戏中无法自拔。忽然手机响起，老板打电话来了，主要是询问工作如何，并且提醒今天下午就要完成任务。丹尼尔一看时间，都已经快中午了，心里不禁着急了，于是便匆匆忙忙地完成任务，交了上去。

由于丹尼尔的方案完成得很仓促，上面存在着很大的错误，就连一些基本的常识都弄错了。为此，老板很是生气，而丹尼尔也受到了批评和惩罚。丹尼尔心里苦恼不已，因为自己“拖拉”的坏习惯而影响了公司游戏程序的上市，给老板心中留下了不佳的印象。

其实在我们的工作或者生活当中，这样的现象很常见，有些人甚至比丹尼尔还要拖拉，不到最后一刻不去完成。从上面的例子中我们可以总结，如果一个人太过懒惰或拖拉的话，不仅损害他人的利益，对自己影响也很大。

那么，拖拉到底有哪些影响呢？

首先，对形象的影响。在一个圈子内，做事太过拖拉会给别人留下不好的印象，同时也会造成信誉缺失的问题。就比如一个网购店的老板，每次客户订购货物后，都不能在规定的时间内发货，久而久之，客户就会对老板信誉和店面形象产生反感。

其次，对情感的影响。曾经听闻有这样一对年轻的小夫妻，两人结婚后很相爱，但是妻子有一个毛病，就是做事喜欢拖拖拉拉，每次吃饭都不能按时，吃过饭后的碗筷都是等到吃下一餐时才洗，一个温馨的小家总是显得凌乱不堪。一个渴望家庭感的男人若是长期处在这种情况下，必会心生反感，如此下去，夫妻感情就会疏远。

最后，对健康的影响。英国人做过调查发现，超过半数的成年人都十分懒惰，做事情总是喜欢拖拉，而不是立刻马上去做。在 2011 年，英国人就“遥控器坏了，是继续看原来的频道，还是起身去换频道?”这个问题做出调查，其中有 1/6 的人选择继续看原来的频道，理由无非是懒惰。所以，在英国的大街上，随处可见肥胖人群。

有一位医学博士说过：“人们有需要变得更加健康，这不仅仅是为他们自己，也是为了他们的家人、朋友，当然还有他们的宠物。如果我们现在不开始控制这个问题，那么整代人都将变得非常不健康，甚至难以完成最基本的任务。”英国在过去的 40 年里，心脏病和癌症等与肥胖相关的疾病一直呈快步上升的态势，每年的医疗费用高达数十亿英镑。

“懒惰”和“勤奋”是相对的，“拖拉”和“立刻”是相对的，那么，后者会有什么好处呢？有这样一个例子。

安东尼·吉娜曾经是美国纽约百老汇中最年轻、最美丽、最有名气的女演员。在大学艺术团的时候，吉娜是一个青涩的小女孩，她在学校演讲比赛中说道：“大学毕业后，我要做纽约百老汇一名优秀的女主角。”

这样的誓言，有人支持，也有人不看好，于是在演讲过后，吉娜的心理学老师找到了她，问道：“我想知道，你今天演讲中所说的想去纽约百老汇成为一名优秀的主角，这是真的吗？”

吉娜确定地点点头，心理学老师犀利地问道：“但是，你今天去百老汇和毕业后再去，两者之间有什么差别？”吉娜想了想，的确，大学中的生活并不能帮助自己争取到去百老汇工作的机会，所以她说：“我决定一年后去百老汇闯荡。”

老师皱起了眉头，冷冷地问道：“你现在去和你一年后去，这之间有什么不同吗？“

吉娜想了一会儿，觉得老师说得很有道理，于是对老师说道：“那我下个学期就出发去百老汇。”

但是老师仍然穷追不舍地问道：“你下学期去和你今天去，这有什么不一样的呢？”吉娜有些晕眩了，于是她决定下个月去百老汇，她以为这下老师该同意了，岂料老师说道：“亲爱的吉娜，你觉得你一个月以后去百老汇跟今天去有什么不同呢？”

吉娜狠了狠心，要求老师给自己一星期的时间准备，下星期就出发，但是老师还是步步紧逼：“你需要的生活用品在百老汇都能买到，一个星期以后去和今天去有什么差别吗？”

终于，吉娜不说话了。老师又说：“百老汇的制片人正在酝酿一部经典剧目，几百名各国艺术家前往去应征主角，我已经帮你订好明天的机票了。”

第二天，吉娜就去了美国百老汇，参加了一场百里挑一的角逐比赛，最终穿上了人生中的第一双红舞鞋。

吉娜的立刻行动为自己带来了成功，为她的人生续写出了美丽的神话。当初倘若吉娜拖拖拉拉地不行动，那么她就会错失一个大好的机会，百老汇制作的那一部经典剧目中也不会有她的身影。

人们常说："今日事，今日毕。"就是在提醒众人，做事情不该拖拉，应该及时完成。不管什么时候，我们都应该给自己设置一个闹钟，只要闹钟响起，我们就应该立刻去完成自己应该做的事情，杜绝"拖拉"和"懒惰"的现象。所以，当我们感觉到工作效率低下时，就该要提醒自己，让自己打起精神，立刻去行动。

2.认真一点儿，"零缺陷"就有可能

在我们的周边，总是有人把自己定义为"完美主义者"。但是人并没有十全十美的，只有通过追求完美，才能将缺陷减到最低。那么，如何才能做到"零缺陷"呢？答案是：认真。

有一个报社进行招聘，主编要求前来应聘的两人各自写出一篇散文。前者的文章用词既优美又很有意境，但是读起来显得格格不入，搭配不恰当。而后者的文章读起来虽然很平淡，但用词处理到位，虽然整体看上去不如前者，但是细节处理十分完美，仔细品读另有一番韵味。于是报社录取了后者，原因就在于后者用自己的"认真"做到了"零缺点"。

日本有一位著名的神僧叫做一休，在他圆寂之后，日本神僧的封号由珠光大师继承。珠光德高望重，他有一名得意弟子叫做珠报。

珠报也是一位僧人，他有一个本事，就是茶道。珠报住处附近有一个水井，里面的水十分甘甜，适合泡茶饮用，于是每天清晨，珠报都会去取井水来招待来往的客人。但是每一次，他都会尽力地去避开众人，不让别人看到

他取水的过程，人们对此感到十分奇怪。

有一天早晨，珠报出门稍微晚了一点儿，结果在取水回来的路上遇到了熟人，于是熟人问："珠报，你这么早去了什么地方啊?"

珠报无法回避，于是就说道："我去取水了。"

等到熟人离开之后，珠报叹息地摇了摇头，把自己取来的水倒在了街旁，提着空桶回去了。人们对他的做法很是不解，甚至有人觉得不可思议。直到很久之后，珠报才说道："我不想用含有杂念的水来招待客人。与人说话，那么杂念就会渗入水中，用这样的水去招待客人是不礼貌的，我绝对不能接受。"

后来，人们就将珠报的观念总结为4个字：清、敬、和、寂。其实大致对应的是：清晨去取水，这体现了茶道的"清"；将掺有杂念的水倒掉，这体现了茶道的"敬"；与人在途中不可避免地交流，这体现了茶道的"和"；自始至终平静地做完这件事，则传达了茶道的"寂"。

其实这则小故事的寓意是：凡是都该从细节出发，用认真的态度才能做到"零缺陷"，毛主席曾经说："凡事就怕'认真'二字。"而在我们的观点里，的确是细节决定成败。或许在别人的眼中，珠报的做法让人不解，或者很多人会觉得他小题大做，但是细细揣摩起来，并不是毫无道理。

佛家有云："注意一件事情当中每一个毫厘的细节，是保证整体完善的必要态度和功课。"在平常人的眼中，与人说话和水质有什么干系？但珠报关心的却是自己的心态。认真去做好每一件事是社会倡导的一种理念，其实是在告诫人们，小事情也会带来大问题，如果稍有不慎，很可能就会造成不可收拾的大残局。

"只要功夫深，铁杵磨成针"说的就是这个道理。一个人的成败往往取决于他对细小事情的认真程度。如果不认真，又如何去弥补那些小缺陷，使自己做到“零缺陷”呢？那么所谓“认真一点”，它的真谛是什么呢？

首先，认真是一种品质，这种品质就是负责。

魏征是有名的丞相，有一次上朝时，他和唐太宗争得面红耳赤。唐太宗终于听不下去了，想要治魏征的罪，但是又怕自己在大臣面前失去好名声，于是只好勉强忍住。退朝之后，唐太宗一肚子的火气，见到妻子长孙皇后便怒气冲冲地说道：“总有一天，朕要杀了那个乡巴佬！”

长孙皇后见太宗发那么大的脾气，就问道：“不知皇上想杀哪个？”

太宗说：“除了魏征还有谁？今日上朝，他当着众人的面侮辱朕，叫朕实在忍受不了！”

长孙皇后听了，没有说话，而是回到内室换了一件朝服出来，她向太宗跪下，太宗不解。长孙皇后说：“我听说英明的天子才会有正直的大臣，现在有魏征这样正直的大臣，说明皇上英明，我怎么能不向皇上祝贺呢！”

这番话把太宗说清醒了，到了公元643年，魏征病死了，太宗十分难过，他流着眼泪说道：“一个人用铜做镜子，可以照见衣帽是不是穿戴得端正；用历史做镜子，可以看到国家兴亡的原因；用人做镜子，可以发现自己做得对不对。魏征一死，朕就少了一面好镜子了。”

从这小故事中我们可以看出，因为有了魏征和长孙皇后这样对国家负责的人，太宗才能将国家治理得井井有条。认真就好比是诚实，认真更是一种品质，这种品质就是对人对事负责，有了责任心，还会怕事情做不完美吗？

其次，认真是一种态度，这种态度就是专注。若是从开始就把自己的态度摆正了，那么自然是事半功倍，如果我们不能将自己的态度摆正，最后吃亏的还是自己。

有一个技艺高超的老木匠准备退休，他和自己的老板说要离开建筑行业，回家与妻子、儿孙享受天伦之乐。老板舍不得老木匠走，问他临走时能否再给自己建造一座房子，木匠说可以，但是在后期的时候，老木匠的心思根本不在工作上，他用的是次料，对工作抱着马马虎虎的态度。房子建好之后，老板把大门的钥匙给了木匠，说道："这就是你的房子，是我送给你的礼物。"

老木匠十分惊讶，顿时羞愧得无地自容。如果早知道房子建好后是送给自己的，他又怎么会这般糊弄呢？

其实，在生活当中，老木匠的故事发生的频率很高。因为做事不认真、不投入、不专注，最终没有发挥出真才实学。没有认真的态度，怎么能做到"零缺陷"呢？

再次，认真是一种习惯，这种习惯是坚持。我们常说，习惯很可怕，坚持了便是胜利。就如古代"李白铁杵磨成针"、"精卫填海"、"愚公移山"的故事，在持之以恒的态度下，终于成就了一番伟业。一个人在做任何事情的时候都需要有一种认真的习惯，这种习惯就是耐心与坚持。

另外，认真是一种方法，这种方法是反思。

有一个小丑，每次表演的时候总是不能让小朋友们喜欢，于是他很沮丧。小丑不聪明，他总是想不到自己究竟在哪里出了问题。有一天，他坐在路边看到了另外一个小丑在表演，旁边的孩子都围了过去，他发现，这个小丑每次表演时，表情都是那么的丰富，肢体语言的表达也很好。然后他回到家中，对着镜子回想自己表演时的表情，这才发现是那么的僵硬和不自然，通过反思和认真观察，小丑找到了表演的技巧，逐渐受到了孩子们的喜欢。

方法是登堂入室的法宝，正确的方法往往可以获得事半功倍的效果，能有效地提高工作质量和效果。有人不聪明，但是做事却很认真。有时候认真可以弥补缺点，作为一种反思的手段。

生活就好比是文章，带着“认真一点”的心去细读、去细修，最终才会变得完美，做到“零缺陷”。

3.练就做事有条不紊的本领

在我们的生活中有一种现象：刚刚步入社会的年轻人可能由于经验的不足，做事总是丢三落四。曾经看到这样一个场景：一群人去坐公交车，见到公交车来了，也不管人多人少，直接往里挤，最后白白错失了飞驰过去的另一班公交车，而另一班公交车上的人却非常少。如果那时候人们可以排好队，有条不紊地去上车，下一班车也会把人载到目的地，人们也不用如此拥挤了。

其实，这和做事是同一个道理，哪件事可以稍微推迟一点、哪件事可以提速一点，必须明白轻重缓急，主次分明。只有秉持着“有条不紊”的原则做事，不去一把抓，才能达到事半功倍的效果。

有这样一则寓言，告诉人们做事应该有条不紊，绝不一把抓。

在很久以前，有一个人觉得生活十分沉重，于是便去寻找智者给予解脱之法。智者给了此人一个背篓让他背在身上，然后指着一把满是石头的道路说道："你每走一步，就捡起一块石头放在背上的背篓中，看看是什么样的感觉。"那个人按照智者的法子走了起来，待他走到尽头的时候，智者问他有什么感觉。

那个人说："我感觉每走一步，捡起的石头就越多，背篓也就越来越沉重。"

智者说："这也是你为什么觉得生活如此沉重的道理。当我们来到这个世界后，每个人身上都有一个空背篓。然而我们每走一步，都要从这个世界上捡起一样东西放进去，所以才会觉得越走越累。"

其实，要想生活不变得那么累，也是有法子的，就比如把背篓中的东西扔掉几样，不要觉得自己背篓里的东西比别人放得少就行。试想一下，如果篓子里的东西越来越多，那么需要花的精力和时间也就越多，怎么会不觉得累呢？所以，有的时候不要贪多，做事要分主次，有条理地进行。

美国前总统艾森豪威尔办事效率高是有名的，他在处理事务的时候有这样一个原则：只允许把最重要、最紧急的文件和报告送到他的办公室，然后有条不紊地去处理主次事件，最后才能达到办事效率高的效果。

"天天忙些鸡毛蒜皮的小事，恨不得把自己分成两个人。""工作总是完不成，做梦都是做工作，我现在失眠，没法放松。"这样的话语似乎每日都能听见，但是不难发现，这类人在工作和生活的安排上都是杂乱无章的，完全不知道什么该做、什么不该做，往往都是眉毛胡子一把抓，结果什么也做不好。

有这样一个故事告诉了我们，假如按照"轻重缓急，有条不紊"的规则去办事，那么就会获益连连。

美国伯利恒钢铁公司董事长查利斯·舒瓦普和效率专家艾维·李之间有过一次谈话。

董事长查利斯对艾维说道："您能够向我提供一个在有限时间内做更多事的方法吗？如果有，并且可行，我会在合理的范围内给予您报酬。"

艾维思考后说："我可以在10分钟内给你一个方法，它可以使你的公司业绩再提高50%。"然后艾维给了查利斯一张白纸，说道："请在这张纸上写出你明天要做的6件重要的事。"

查利斯用了5分钟后就写好了，艾维接着说道："你把这张纸放在自己的口袋内，明天早上第一件事儿就是把纸条拿出来，完成纸上急需办的第一件事儿，直到完成为止。然后你用同样的方法对待下面要办的事儿，直到下班为止。"

艾维最后还说："每一天该做的事儿，您都看见了，不用10分钟就能理出来。当您对这种方法的价值深信不疑后，可以叫您公司的人也照着去做，这个实验您爱做多久就做多久，然后把支票寄来，您认为价值有多少，就给我多少报酬。"

一个月之后，查利斯给了艾维一张25万美元的支票和一封信，信上说，这种"有条不紊"的做事方法是最有价值的。而5年之后，这家钢铁工厂从一个不知名的小厂变成了世界上最大的独立钢铁厂。

这个故事告诉了我们，做任何事情都要有主次之分，只有将事情排好顺序，不去盲目地一把抓，才能更好更快地去完成。那么，如何修炼出做事"有条不紊"的本领呢？

首先，要认清主次。哲学著作中说道，所有的事情都是矛盾的，但是其中又分为主要矛盾和次要矛盾。从中可以看出，主要矛盾比次要矛盾带来的影响更大。所以，我们在处理事情的时候需要分清楚主次，把重要的事情排在前头，次要的事情排在后头，如此才能主次分明。

其次，把握好时间。这一点我们可以从学生们的考试中看出来，在一张试卷中，高分值的都是些难题，但是不能把所有的时间都放在难题上，有时候简单题目的分值加起来就能超过难题的分值。我们在做事情的时候也是一样，如果一件主要的事情无法完成，那么就不能一头栽进里面，我们需要做的是合理安排，把握好时间。

再次，从性格出发。在生活中，不乏有些急性子的人，但这种性子的人往往会给人不舒服的感觉。从感官上，急性子的人做事有大多都是风风火火、匆匆忙忙、丢三落四；相反，从容淡定、儒雅大度的人就富有思想，他们做事有条不紊，避免了急躁和匆忙。

“剪不断，理还乱，是离愁，别是一番滋味在心头”，古人在长期的生活实践中就体会到做事一把抓的坏处，所以作为现代人的我们，就该快刀斩乱麻，修炼好做事“有条不紊，绝不一把抓”这门艺术。

4.别让犹豫成为你的绊脚石

历史上，凡是做事犹豫不决的皇帝都无法成就一番功绩，因为他们的思想被束缚住，会轻而易举地受到大臣们思维的左右或影响。但是做事雷厉风行、快速落实的皇帝往往功绩大于过失，就好比千古一帝秦始皇，他做事果断、不犹豫，最终使全国统一了货币和度量衡。

在我们的周围，总会出现或多或少的良机，所以我们应该牢牢将其把握住，不能让“犹豫”成为成功道路上的绊脚石，不能因为犹豫和顾虑而错失良机，应该令出必行并快速落实。

在很久以前，一处美丽的山林中住着很多动物。有一天，一只老虎正在觅食。茂密的树林遮住了老虎的视线，它不知道猎人布置的陷阱就在附近。这时，老虎看见前方有猎物出现，便奋力地去追赶，结果老虎的脚掌被一个铁圈子给钩住了。

老虎想要挣脱，但是铁圈子太牢固了，它费了很大力气还是固定在原地。这时，一个猎人拿着猎枪出现了，他一步步地逼近老虎。老虎似乎感觉到了死亡的预兆，眼看着猎人就朝自己开枪，它心中冒出一个想法，于是不再犹豫，它用尽全身的力气挣脱了铁链。但是老虎的脚掌却留在了铁圈上，老虎忍痛离开了这个充满危险的地带。

“老虎断掌”、“壁虎断尾”这类的寓言小故事中彰显出做事不犹豫的弊端，但在快速落实后，结果往往让人庆幸。在寓言中，老虎断了自己一只脚掌自然是很痛苦，但是从长远的角度来说，它保住了自己的性命。这种选择就是明智的，倘若在我们面临难以决策的事情时，就该表现出老虎求生的精神，果断作出取舍，不能犹豫不决，否则损失更大。

比尔·盖茨曾经向他的员工谈起他的成功之道，他说：“我发现，如果我要完成一件事情，我得立刻动手去做，空谈无济于事！”“用行动来克服恐惧，同时增强你的自信。怕什么就去做什么，你的恐惧自然会立刻消失。”所以，往往犹豫不决就是成功的死敌，做事就该当机立断，否则将抱憾终生。

老张念书时读书一直很好，走向社会后也是村里公认的“军师”，邻居们总喜欢和他商量大事小事。老张还是一个学富五车的人，他上知天文地理，下知人情世故，分析问题都是有条不紊、滴水不漏，请他出谋划策的人更是不在少数。但是老张的运气不好，后半生就在悔恨中度过，落了个妻离子散、孤家寡人的结局，靠着给人算命混饭吃。

那么，是什么导致老张的悲惨结局呢？

在改革开放以前，老张家乡的每个年轻人都会去学习一门手艺。但是老张却不那么认为，他觉得自己很有学问，必须要别出心裁、独树一帜、高人一等，所以死活不去学习手艺。当看到同龄人去外地工作一年就赚回好几千块钱的时候，他依然拿着每天4毛钱的报酬。看着别人盖起了高楼瓦房，而自己还住着茅草屋，他就更后悔了。为什么当初就不去学习手艺呢？要是去学习肯定会比别人强，凭着自己的聪明才智赚的钱肯定比别人多。

改革开放之后，很多手艺人回到了家乡，自己做起了商人。那时候，很多人看重老张的才华，邀请他加盟。但是老张看不起那些先富起来的人，觉得他们的水平不够，自己不愿意屈居在他们下面，要做大也得自己去做。所以，为了梦想、为了金钱，他迫于家庭的压力，决定去学习一门手艺。

几年时间过去了，老张的学艺生涯并没有给他带来生活本质的变化，但同村的很多人都成为了小老板、万元户。最后，老张又在后悔了，后悔当初为什么没有去加盟。当他想去加盟的时候，别人的规模已经成型了，人员配置早已经齐全，不需要他了。

老张常常思考这样一个问题，明明自己满腹经纶，读书破万卷，为什么就要低人一等呢？看着当年读书最差的人发了财，他心里憋了一股劲，决心混出一个样子。于是他查阅资料，搜集信息，找了很多致富的路子，但是面对这些门道的时候，他又犹豫不决。最后，一转眼就年近半百了。贫穷使得妻子出走了，女儿也被别人收养了，只剩老张一个人孤孤单单地等待着晚年的到来。

当我们看到如此穷困潦倒的老张时，作为旁观者的我们是否百感交集呢？老张的失败是因为上天的不公平吗？答案是否定的。上天是很公平的，它给予每个人机会，只是有些人抓住了，有些人抓不住。从老张的故事中我们汲取到的教训是，做事不能犹豫不决，必须要当机立断。如果老张把握了多次机会，现在肯定是飞黄腾达、家庭和睦了。

我们知道，“犹豫不决”的性格不是一朝一夕养成的，它是长期积累而来的。那么我们应该如何改掉犹豫不决的坏毛病呢？

首先，断绝根源。比如买衣服，在犹豫不决的时候想一下是什么原因，是因为没有足够的钱，还是自己东挑西挑，或者是怕浪费钱等原因。心底真正的想法只有自己知道，而旁人即便能猜测出一点，也没有多大作用。关键就在于找到原因，最终才能对症下药。

其次，增强自信。犹豫不决也和自信有关系，如果长期地否定自己，或者在乎别人的看法和眼光，不自信就会在脑海中根深蒂固。比如独自去做一件很小的事儿都会犹犹豫豫，担心做不好等等。想要自信，就得让自己变得充实、满足，如此，人也会变得快乐起来，那么对待人和事的看法就会改变，自信心自然会回来。

实际上，一个人总是优柔寡断、犹豫不决，那么十有八九会一事无成。所以，当我们遇到难以决策的事情时，不该想得太多或者瞻前顾后，否则很容易陷入犹豫不决的陷阱之中。有句话叫做“当断不断，反受其乱”，这句话很明显地道出了犹豫不决的弊端。所以，要想获得成功，最有利的法子就是排除一切干扰的因素，迅速作出决定。

5.成功不等人，说一尺不如行一寸

俗话说："说一尺不如行一寸。"有想法或者希望，都应该落实到行动中。哲学著作中说过："实践是检验真理的唯一标准。"如果我们想要成功，那么就要付出行动，达成最终愿望。"宁做行动的巨人，不做思想的矮子。"这句话的意思是要想到，更要做到，要落到实处，这是成功的必要条件。不管我们的梦想多伟大，不努力就不可能成功。

光说不练只是嘴把式，有说有练才是真把式。美国素有"汽车大王"之称的企业巨子福特曾经说过："不管你有没有信心，只要你投入行动去做，就准没错。"所以，成功的机遇会降临在每个人身上，关键就看能否把握得住。

某集团董事长王东在当地赫赫有名。他 19 岁的时候曾经在建筑工地上做材料员。他很珍惜这份工作，希望能够长久地干下去。当时王东所在的企业人才济济，为了能被领导重视，每个人都积极地展现自己的天赋和才能，王东也在内。他日思夜想，终于想到了一个好主意。他看到工地上的生活十分无聊枯燥，于是就自己掏钱买了《三国演义》、《水浒传》、《搜神传》等名著，仔细阅读后讲给工人们听，这种休闲方式很受工人们喜爱。

有一次，领导来工地检查工作，意外地发现王东的口才如此之好，便将他调去了公司，做起了公关业务员。王东备受鼓舞，在此后的工作中，他积极地寻找更好的解决问题的方法，想好了就去做，一次做不好就做两次，每一次都将想法付诸实践，这样做使得他在工作中游刃有余。公司领导对王东处理问题的能力很是满意，所以他在公司的地位也步步升高，成为了老板的左膀右臂。

在一次谈话中，王东无意听见领导说，公司本来承包了一个大工程，但是由于困难重重，便打算放弃。王东觉得这是一个创业的机会，如果放弃就太可惜了，于是希望公司可以让他尝试一下。领导看着王东满腔热情，平时又善于动脑筋，于是就把这个困难重重的工程交给了他。

王东凭借灵活的脑筋和飞扬的激情，在这个工程中敢于创新、勇于实践，漂亮地完成了那个大工程，几年之后成了某集团的董事长。

曾经有个知名的学者给年轻人这样一个忠告，他说：“如果你有一个梦想，或者决定做一件事，那么就立刻行动起来。如果你只想不做，是不会有所收获的。要知道，100 次心动不如一次行动。”上面的例子中，王东从一个普通的打工仔到一个集团的董事长，他的成功和敢于行动、不怕吃苦、敢于尝试等有着分不开的关系。如果王东空有理想，不去为自己的理想思考和实践，或许他现在还是那个在工地上做着默默无闻的工作的材料员。

德谟斯吞斯是古希腊的雄辩家，有人问他雄辩家的首要一点是什么？他说是行动。第二点呢？他还说是行动。第三点呢？他仍然坚持说是行动。如此看来，行动对于我们而言就是成功的保证。

拿破仑说过：“想得好是聪明，计划得好是更聪明，做得好是最聪明。”克雷洛夫说：“现实是此岸，理想是彼岸，中间隔着湍急的河流，行动则是架在川上的桥梁。”因此，任何事业的成功或任何人物的成名永远取决于采取了多少行动。一分耕耘，一分收获，付出越多，收获越多。同样，对于自己的理想，你付出的实践有多少，那么所得到的成功价值就有多少。

有人会为成功而奋斗，有人则是等待成功降临。后者是不切实际的，这种天上掉馅儿饼的事儿发生的频率少得可怜，因此很多人的梦想都被扼杀在等待成功降临的摇篮里。

有一个叫做莎莉的美国女孩，在她读大学的时候，就一直有一个梦想——成为电视节目的主持人。莎莉认为自己在主持方面很有才能，因为每次和别人相处时，即便是陌生人，她也能畅谈下去，并且话题不断。莎莉知道如何让对方掏出心里话，她的朋友常常称她为"亲密的随身精神医生"。莎莉自己也表示："只要给我一次上电视的机会，我想我肯定会成功的。"

莎莉的父亲是美国波士顿有名的整形外科医生，而母亲在一所很知名的大学担任教授。这样的家庭对她很有帮助，并且家人也都支持她，这更让莎莉相信有机会实现自己的理想。但是，在达到这个理想之前，她又做了些什么呢？其实什么也没有做，莎莉光等着奇迹出现，希望一下子成为电视节目主持人。

很多年过去了，而莎莉的梦想也一次次与她擦肩而过。

其实，莎莉是一个很有才华的人，从她的生活中，我们了解到她确实有做主持人的天赋，但是最终没有实现自己的理想的结局是她疏于行动造成的。一个人有思想固然重要，但是不去实践，思想也就成为了绣花枕头。和莎莉一样命运的例子有很多，主要原因就在于骨子里的惰性。

在我们的工作和生活中，行动比心动更重要，要想顺利地完成工作，取得优异的业绩，在经过思考后，关键在于行动。如果不行动，就成了口头上的巨人、行动上的矮子。很多时候，实践成为了成功与否的绝对力量，如果不去行动，那么成功就会离我们越来越远。为了成功，我们必须充分运用自己的个人力量，并且采取行动，让行动来证明我们的所思所想。

有一个落魄的中年人，每隔三两天就去教堂祈祷，但是他祷告的词语都相同。他说："上帝啊，请您念在我多年敬畏您的份上，请赐予我中一次彩票的机会吧！阿门。"

几天之后，中年人又回到了教堂，同样跪着祈祷道："上帝啊，为何不让我中一次彩票呢？我愿意谦卑地来服侍您，求您让我中一次彩票。"

又过了几天，中年人再次出现在教堂，他同样重复着祈祷。周而复始，不间断地乞求着，终于有一次，他跪拜道："我的上帝，为什么您不听我的祈求呢？让我中一次彩票吧，让我解决现在遇到的困难，我愿意终身为您奉献，专心地侍奉您。"

就在这时，圣坛上空传来宏伟庄严的声音："我一直垂听你的祷告。可是最起码，你也该先去买一张彩票吧!"

这个故事是一则幽默的笑话，但是含义十分明显。有思想但不去行动，一切都是空谈。光是有理想是不够的，它还需要行动的催化。

在我们为自己谱写出的理想而激动的时候，一定不能停下，需要用实践来证明其价值。一次行动胜过百遍胡思乱想，说一尺不如行一寸，行动比想法更重要。

6.有计划的行动才是高效的保证

在当今这个社会，效率高低决定了一个人的成就。物竞天择，适者生存，不适者只能被社会淘汰，所以追求高效率成为了每个年轻人的理想。

儿时，每当你背诵课文的时候，都觉得浑身难受，让人愤怒并且忌妒的是，同样一篇文章，别人用一个小时就背诵完了，而自己才背完第一段。工作以后，同样的工作，别人是朝九晚五的上下班，而自己却是起早贪黑。这些都是社会的不公平吗？答案是否定的，那是因为效率的原因。所以，要想使自己做事变得高率起来，就得有计划地去行动。

皮特和鲍勃是两个优秀的人才，更是在同一家公司上班，两人分别担任总经理秘书和客户经理一职。这就注定了两人需要去跑外交，吃吃喝喝自然少不了。几年过去了，原本帅气俊朗的两人成为了肥胖者，有了大腹便便的感觉，十分滑稽，每每运动一番都气喘吁吁。

有一次，公司的电梯坏了，而两人都在18楼上班，所以不得不爬楼梯。出人意料的是，两人在11楼的时候就累趴下了，还为此被送去了医院。医生强烈建议两人减肥，否则会给身体健康带来隐患。

或许是意识到问题的严重性，皮特和鲍勃开始了减肥生涯。一个月过后，人们发现皮特不但瘦了，并且身体结实了很多，整个人看上去意气风发、俊朗无比。但是鲍勃还是和原来一样肥胖，并且脸色苍白，整个人显得没有朝气。

造成两人效果差别的原因是什么呢？原来就是计划和行动。

皮特每天早上都会先运动一番，然后再吃早餐。皮特的早餐很丰富，午餐和晚餐也很有营养价值，并且杜绝了大吃大喝的恶习。而鲍勃早上不吃，中午只吃一点儿，晚上也不吃，刚开始的时候可以忍受住，但是久而久之，晚上饿得睡不着，于是在夜里一顿大吃，之后就睡觉。我们知道，睡觉中的胃动力消化没有醒着好，而且还容易长肉，在这样毫无计划的减肥下，只会让鲍勃体重有增无减，身体更不健康。

从例子中可以看出，两个人都有一个终极目标，就是减肥，但结果悬殊太大。皮特不仅效率高于鲍勃，在减肥质量上也高出一筹。所以分析得出，计划是决定效率高低的首要条件。在我们行动之前，需要问问自己，我们应该采取什么样的步骤来达到自己的目标？想到什么就该随手记下，一一列举后，仔细检查，制定出一个高质量的计划表，并且严格按照计划表去执行，这样效率才会提升。

计划是一个使用得非常广泛的用语，在不同的场合中，含义可能不完全相同。有人给计划下的一个简明的定义是:“计划是未来行动的方案。”从国家体育运动员身上，我们可以察觉出效率和计划的关系以及重要性。

举重运动员、游泳运动员、长跑运动员等等，他们在开始训练的时候，体能和普通人一样，只是后期经过长时间的锻炼，才造就出了高于常人的体质。运动员们不会一次性增加很多训练量，而是有计划地去进行，用合理的计划去提升效率，当然，前提是要付出行动。就比如长跑运动员，起初一个月每天跑 3 小时，后面逐渐增加，渐渐地，体能会变好，效率也就上去了。如果运动员在起初的一个月里，每天都跑十几个小时，身体肯定会适应不了，最后没有效率，得不偿失。所以无论是哪个行业，若想追求高效率，就得有计划地去行动。

小敏是一所中学的英语老师，刚刚毕业的她有着强烈的激情，希望能够教出一班成绩优异的学生。但是这股子激情在孩子们考试后便被彻底熄灭了，原因是什么呢？

小敏是一个十分负责任的老师，上课的时候极为认真，即便是下课了，她也向学生继续传播知识。每每下课，就有好多学生去问她问题，小敏看了题目很是无语，有很多都是讲过的知识，为什么学生们总是不明白呢？

一转眼，两个半月过去了，即将面临的是期中考试，结果让小敏大受打击，在几个班中，数她带的班最差，于是她就去问老教师："为什么我付出了那么多的时间，学生的成绩却只下不上呢？"

老教师笑了笑，就问道："你没有发现你的教案和上课的方式有问题吗？虽然花去了很多时间，但是效率低下，导致学生们的学习和接受能力变低。你只想着该怎么上好课，但是没有想过给孩子们上课的条理性。你应该计划好上课该讲哪些知识点，每一个知识点都需要有步骤地讲完，不要这个还没有讲完，就开始讲下一个知识点，如此杂乱无章的讲法，学生怎么能听得懂呢？还有，布置作业的时候也要认真选题，不能让学生把时间花费在没有学习过的知识点上。"

老教师的话让小敏茅塞顿开，在此后的课程中，她都仔细地计划好应该先说什么、后说什么，几个月后，小敏班学生的英语成绩直线上升。

有时候花费的时间多，并不代表就是高效率。在实际工作中，有些时候我们看起来非常繁忙，似乎有许多事情要做，结果是东一榔头、西一棒槌，缺乏效率。想要有效率、有成效地工作或者生活，就必须列一份详细完整的

“工作计划表”，这对追求高效率的人来说绝对是一项必要的措施。

要制定和完成一个好的计划不是一件容易的事，首先，要了解制定计划的重要意义。一份好的计划是成功的开始，好的计划等于成功了一半。“凡事预则立，不预则废”，意思就是说，任何事情要有计划地去进行，那么就可以成功，反之就会失败。

有了计划，还要靠意志力去执行。在制定新计划之前，我们要有明确的目标、任务、方法、策略，并且要安排好进度和事件，准备充足的资源。比如，在执行的过程中，我们必然会遇到一些障碍和困难，如工作压力、学习、生活等客观因素。这时我们的计划就需要靠意志力完成，坚持自己的初衷。因为想要成功，就必须接受它的考验。

我们在制定计划时，需要根据具体情况去做。根据情况实事求是，寻找解决问题、克服困难与障碍的有效方法与措施。一定要根据计划的内容去行事，否则计划也就是一纸空文。坚持就是胜利，不要在计划进行到一半的时候就舍弃了。效率是人创造的，想要追求高效率，就需要有计划地行动。

7.化繁为简，使速度更进一步

在快速发展的时代，很多年轻人跟不上步伐，那么，如何才能有效利用时间呢？最简单的方法就是将工作化繁为简。

数学中常常会有一大串的数字运算题，这些数字结合在一起后变得十分复杂，但是真的就不能解出来了吗？有些人可以用眼睛看看，答案就出来了，而有些人则是用了好几张草稿纸也没有算出来，白白浪费了许多时间。其实仔细瞧瞧，很多复杂的数学运算中都能够运用到“化简”的技巧。同理，在工作和生活中，凡事都是可以变通的，难事经过化繁为简后，也会变成小事。

曾经有一个雕刻家得到了一块巨石，人们很好奇，他会将这块巨石雕刻成什么样呢？雕刻家拿着锤子、凿子叮叮当当地雕刻着，小碎石落满地面。过往的人们被吸引了，停下脚步看了半天也没有看明白雕刻家雕刻出了什么，于是有路人打断了雕刻家的工作，询问他道：“你这么打石头，究竟想把石头雕刻成什么样子呢?”

雕刻家想了一会儿说道：“我也不知道，不过等我把多余的石块全部打下来后，或许你就能看明白了。”

人们听后，只得继续观看，他们耐心地等待着。也不知道过了多久，终于，巨石渐渐隐约成形，变成了模糊的雕像，像是一位正在思考的沉思者。

雕刻家停下手中的工作，趁着休息的时间，他问观看他雕刻的路人：“你们看出来是什么了吗?”

人们点了点头，雕刻家继续说道：“雕像就在巨石的里面，只有将外部多余的石块一一凿去，雕像才会显现在眼前。”

其实，我们生活中的每一件事儿都如这块巨石一般，想要将事情变得简单，只有如雕刻家一样把一件事情繁琐的边边角角都凿掉，事情才会显得简单明了。

化繁为简的做事方法是提高效率的有利途径，也是人们在这急速发展的时代中生存的必要手段，不懂得变通，不懂得化繁为简，那么所承受的压力会是常人的许多倍。有这样一个老师，他在教育上很有心得，他不仅能有效地利用时间，更能将工作化繁为简。

小王是四年级一班的班主任，他发现班级有一个不好的现象，就是每次到班里都能看到满地的纸屑，垃圾桶也形同虚设，根本失去了它的作用。中午的时候，小王来到了班里，看到垃圾桶旁边的纸屑，顿时一肚子火，看着孩子们，他十分想歇斯底里地大喊一通，但是转而一想：别说孩子们了，就算是成年人也会将垃圾丢到垃圾桶外吧。就比如在大街上，很多人都会将手中的垃圾乱丢，只有一小部分人能将垃圾真正送到垃圾桶内。那么班级这个现象该如何处理呢？想到中午看到的球赛，小王顿时心生一计，说道："孩子们，你们喜欢球星乔丹吗？"

孩子们异口同声地说："喜欢！"

"你们喜欢他什么啊？"

"得分多！"

"个子高！"

"投球准！"

小王看孩子们顺着他的话走，于是接着说道："就是啊，你们都知道乔丹的球技很高，投球很准，那么让他往垃圾桶扔垃圾，他一定会百发百中的，你们说对吗？"

孩子们不假思索地说："对！"

"比比看你们就差多了，垃圾都扔到了桶外。"

"老师，我们也能投准，我们放到垃圾桶里不是也像乔丹一样准了吗？"有学生发言道。

小王鼓掌以示赞同，他没有说什么批评的话语，但是让学生明白了道理，这比声色俱厉的效果好上百倍。

小王作为一名老师，每天都会有很多零散杂乱的小事要处理，如果每件事都需要处理得尽善尽美，这是不可能的。倘若当时小王大骂孩子们一顿，在短时间或许有一定的效果，但是时间久了，必定会返回原形。所以，在这种情况下，一定要想出一个法子从根本上切断这个坏习惯，让孩子们不再乱丢纸屑。小王用一个巧妙的影射激发出了孩子们的那份羞愧心理，他们自然对乱丢纸屑感到难为情。一件繁琐的事情瞬间被小王化繁为简了。

一位著名的科学家认为，如果无头绪地、盲目地去工作，往往效率会很低。正确地组织安排自己的活动，首先就意味着准确地计算和支配自己的时间。他说："虽然客观条件使我难以这样做到，但我仍然尽力坚持按计划利用自己的时间，每分钟地计算着自己的时间，并经常分析工作计划未按时完成的原因，就此采取相应的改进措施。通常我在晚上定出次日的计划，定出一周或更长时间的计划，即使在不从事科学工作的时候，我也非常珍视一点一滴的时间。"

有7个人，他们每天都会分着吃一锅粥，但是每天都有人都吃不饱。于是有一天，他们开始用抓阄的方式来决定由谁分粥。每天都轮一个，只有轮到分粥的那个人才能吃饱。

7个人感觉这种方法不行，于是就想推荐一个道德高尚的人来分粥，因此大家都挖空心思去讨好分粥的人，最后团体内被他们搞得乌烟瘴气。到后来，组成三四个人成立分粥委员会，但是委员们常常相互攻击，最后分好后，吃到肚子里的粥都凉了。那么这个问题应该如何解决呢？

最后，大家想出了一个办法，就是轮流分粥，分粥的人必须要等到其他人挑完了，最后剩下的一碗才是自己的。为了不让自己挑到最少的那一份，每个人尽量做到平均分配。之后，每个人都吃饱了，而团体之间也和和气气，日子过得越来越好。

聪明的人做事都喜欢将事情单纯化；愚笨的人做事却把事情复杂化，最后只是事倍功半。繁也不是不好，有时是为了表示慎重，有时是为了表示繁荣茂盛。但繁也有它的缺失，尤其在21世纪的时代，最好“化繁为简”，如此才能提高办事效率。

“化繁为简”就是善于把复杂的事物简明化，是防止忙乱、获得事半功倍之效的法宝。越是复杂的事情越是可以用简单的方法去化解，而这样做往往会得到意想不到的效果。事件都有主次之分，但是两者之间可以转换，做事情要学会变通，复杂的事件并不是一定得复杂下去，有时候是自己的思想将问题复杂化。将复杂化为简单，不仅能提高做事的效率，还能令自己舒心，何乐而不为呢?

8.方法对了，问题就解决了

我们常说，每个问题都会有对应的解决方法，方法不对，问题就很难解决。于是，在工作当中，我们会看到这样一种现象，很多员工带着激情去工作，但是在努力之后，结果往往却不尽如人意，其实，这里主要就映射出方法的重要性。有方法才会有效率，有方法，问题才会迎刃而解。

小美是一名语文老师，今年是她工作以来第一年，她带三年级的语文。小美心里喜忧各半，欢喜的是能够循环而上，自己对教材的编排比较了解；

而担忧的是怕教不好，误人子弟。所以，每一节课，小美都把教材和参考书来回地看好几遍，害怕自己在上课的时候讲错或者讲漏。时间久了，小美发现了一个问题，就是自己的语文课上少了一丝生气，举手回答问题的学生寥寥无几，稍微有点儿难度的问题就石沉大海了，激不起一点儿浪花。甚至连举手读课文的人都没有，很多学生不知道应该读哪，也不知道应该怎么去读。

这些问题让小美十分沮丧，情绪变得低落起来。所有的问题聚在一起，使得她上课的心情越来越差，有时候明明想控制自己的情绪，但是却力不从心。渐渐地，孩子们开始对她抗拒起来。

小美试着控制自己暴躁的脾气，调整好自己的心态，可怎么也达不到想要的效果。后来，小美在网上看了魏书生写的《班主任工作漫谈》。书中大致内容是：大学刚刚毕业后工作第一年的处境是课时多、学生差，写了他如何转变自己的心态，选择了积极的人生态。魏书生在书中说，当一个人无法选择自己生活的环境时，能改变的只有自己，让自己变成一个乐观积极的人。

看完魏书生的书后，小美开始检讨自己，是不是自己教育的方法错了呢？后来她试着转变上课流程并且改为互动的方式，效果十分明显。小美得出这样一个结论：再差的学生，只要老师的教育方法对了，就会出好的成绩；只要方法对了，任何事都会有一个圆满的结局。

在校园内，每个年级都分为好多个班，每个班级都在竞争，有的能够取得好成绩，有的就得垫底。很大一部分原因是老师没有找到好的教育方法，学生没有找到好的学习方法。如果两个问题的解决方法都对了，那么学生的个人成绩和班级总成绩自然而然地会上升。小美班级的成绩不好，这就和她的教育方法有关，后来小美通过改正教育方式，最终取得了好成绩。

人在陷入困境的时候，就好比是一艘迷失了方向的航船，如何才能走出迷障呢？唯有找到正确的法子，寻找北极星，辨出东西南北。找到合适的方法是解决问题的关键，那么，如何才能快捷地找到方法呢？有这样几个步骤：

首先，把工夫下在关键的地方，绝不多做无用功。

张员外是当地赫赫有名的大地主。有一年夏天，不知什么缘故，他的家中接二连三地发生了火灾。多亏邻居之间的帮忙，张员外一家才没有被大火吞噬。尽管如此，张员外心里还是不踏实，他不知道哪天又会发生火灾。

有个亲戚向张员外建议，让他在院子内、过道上、大门内外这些地方先多放几个大缸，随时装满水，再摆上几个水桶，以备救火之用。张员外觉得这个法子好，连连称妙。果然，当再次发生火灾时，事先准备好的水发挥了效用，及时将火熄灭，几乎没给张员外造成什么损失。张员外庆幸之余，仍然心中不安，他不知道何时才是尽头。

有一天，张员外家来了一个客人，客人偶然发现张员外家的灶上烟囱是直的，旁边还有许多木柴，于是对张员外说："烟囱要改道，木柴须移走，否则还是会发生火灾的。"张员外对客人的话半信半疑，但是也照做了。果然，此后再也没有发生火灾了。

在上面的小例子中，一开始解决火灾的方法都是在做无用功，可以说治标不治本，并没有从根本上解决问题。而后面改变烟囱的方向，实则是为了改变灶头烧火后跑上烟囱的火苗的方向，从根本上解决了发生火灾的原因。我们都说，一个问题无论再怎么复杂，但是它的本质特征和内在的规律是不变化的，因此，只要抓住问题的本质，按照规律去解决，那么问题自然也就迎刃而解了。

当然，有时候具体问题还要具体分析。每个问题处理的方式都不一样，所以我们需要对问题作出分析，最后采用最好的方法。

在美国首都华盛顿广场的杰斐逊纪念馆大厦中，由于建造时间久远，建筑物表面早已经被侵蚀得斑驳不堪，并且出现许多裂缝。之后，政府采取了很多措施，花费了大量的财力和物力修补，但是效果很一般，于是，专家们作出了调查，调查结果是：导致这个问题出现的根本原因是大厦墙壁每年都需要冲洗，水滴渗进墙内，自然会出现裂痕。

那么，为什么需要清理大厦的墙面呢？

原来，每年有很多的鸟类聚集在大厦，每年都会被大量的鸟粪弄脏。可是为什么会有这么多的鸟粪呢？因为周边有很多蜘蛛，所以吸引了很多燕子，燕子喜欢吃虫子，便把大厦作为了它们繁殖的温床，于是燕子数量越来越多，墙面自然会被鸟粪弄脏。

解决这个问题的方法就是找出根源所在。既然燕子是冲着虫子而来，那么减少虫类，鸟儿自然就不会飞来，鸟粪问题自然也就解决了。具体问题要具体分析，要因人而异、因地制宜。

另外，解决问题的时候，还要善于运用简单性思维，不要将问题复杂化。

曾经有一个媒体向公众举办有奖征答活动，题目是：在一个充气不足的热气球上载着3位关系到人类命运的科学家。这3位科学家，一位是环保专家，他的研究可以带领人们走出环境污染的困境；另一位是核子专家，他可以防止全球性的核战争，防止地球毁灭；最后一位是粮食专家，他可以在荒凉贫瘠的土地上种植出粮食，让人们脱离被饿死的命运。现在3位科学家面临的问题是，热气球快要坠毁了，必须扔出去一人，以此减轻重量，保全另外两人。那么问题来了，你会选择扔下哪位科学家呢？

每个人给出的问题都不相同，但是最后获得奖励的是一个小男孩，他的答案是：扔下最胖的科学家。这道题目看起来十分复杂，但是在复杂之下却掩藏着简单的解决方法。小男孩抓住了根本，给出了简单而有效的回答。

方法是解决问题的关键，选择正确的方法就需要认真地了解问题。只有方法对了，问题才能得到解决。

9.最短的路并不一定是最快的路

踢足球、打篮球是一项技术性的运动，从这些运动中，我们能领悟出一个道理：方向比距离更重要。试想一下，面对球门的时候，不能找出正确的方向，即使距离球门再近也无法进球，就会白白做了无用功，但是找对了方向，瞄准了角度，那么进球的概率将会升高。

同样，我们在工作和生活中，每个人都在和时间赛跑，当然，需要面对的事情也变多了。所以，除了分辨出事情的正确与否外，我们还需要考虑事情发展方向的问题，若是偏离了正确的轨道，最终结果将会事倍功半，得不偿失。

小杜是一家出租车企业的司机，他的工作效率非常高，总是能在最短的时间内把乘客送往目的地，因此，凡是坐过他车的乘客都会主动要他的电话号码，以备下次继续乘坐，小刘就是小杜乘客中的一员。

小刘是一家销售公司的业务员，这一天，公司有个十分重要的会议，这对小刘来说十分重要，绝对不能迟到。但是让人抓狂的是，小刘早上起得太晚了，出门时离会议开始还有20分钟，他急忙打了一辆出租车，匆匆忙忙上车后，便对司机说道："司机先生，麻烦你走最近的路，一定要快。"

这名司机就是小杜，小杜听完小刘的话后没有立即开车，而是转过头对小刘说道："先生，我看你好像是赶时间吧？我认为咱们要走最快的路，而不是最短的路。"

小刘有些恼火，并不断地看着时间，于是大声说道："最短的路不是最快的路吗？司机先生，麻烦你快点儿，我真的很着急。"

小杜不以为然道："最短的路当然不是最快的路，现在是上班高峰期，交通繁忙，最短的路随时都有堵塞的可能，这样会耽误更多的时间。所以我建议你改变一下方向，虽然距离长了一些，但是确实是最快的路。"

听了小杜的建议后，小刘觉得很有道理，于是选择了最快的路。而小杜的话也并没有说错，因为在途中，他们看到了一条街道被堵得水泄不通，那正是最短的路的必经之处。现在的路程虽然是远了一些，但是开起来没有任何阻碍，小杜载着小刘及时赶到了公司。

由于小杜工作效率高，所以得了到很多乘客们的好评，而他每天的工作业绩也比别的司机好了不少，更是被评为年度优秀员工，最后被提拔为小组的主管。

小杜的机智为他带来了好运，使他得到了出租车公司的赏识。在这件小事件中，我们看出了一个鲜明的道理，就是"最短的路并不一定是最快的路”，所以方向比距离更加重要。倘若小刘一直坚持走最短的路，那么损失的时间绝对不只是一点儿而已，想要及时地参加会议也成了空谈。这就好比是打高尔夫球，高尔夫球手都想把球打得更远，但是必须确定好方向，如果没有确定好方向就一竿子把球打出，那么只会离球洞越来越远。

只有方向对了才能避免走弯路，才能把事情做好做对，避免瞎忙带来的无用功。无论是工作还是生活，都不能像一头拼命拉车的老黄牛一样横冲直撞，我们要做的是抬头看看前方以避免偏离正确的轨道。同时，我们在确定方向后要时常反思以避免出现意外。

作为企业管理人，企业的发展方向无疑是最重要的，如果连方向都没有定位好，又怎么能使企业发展壮大下去呢？股神巴菲特从开始炒股时就为自己选好了方向、瞄准了目标，他不盲目随着大潮流，最后经过自己的努力终于成为了股票行业的神话。比尔·盖茨也是一个传奇人物，他之所以能够成为 IT 行业的大哥大，这都取决于他选对了企业的发展方向。

方向代表了人生的理想和追求的目标，歌手王力宏的《需要人陪》中有这样一句歌词：“一个我，需要梦想，需要方向，需要眼泪，需要一个人来点亮天的黑。”我们也需要明白，方向比距离更重要。

*10.*不要被完美主义拖住了脚步

当遇到一件事情后，每个人的初衷都是想把事情做到最好，其实这种心理就是源自于对完美主义的追求。有时候，完美主义可以激起一个人进步的决心，但是人也会被完美主义拖住脚步。

对我们而言，什么是完美主义？其实，它的存在是虚幻的，世界上根本就没有完美的东西。完美主义其实就是一种假象，它是自我安慰的代名词。在我们的生活中时常会遇到追求完美的人，他们对自身的要求极高，稍微有一点儿不满意，就会皱起眉头，感到愤然。那么，有以下几个问题，可以判断出你是否为完美主义者。

当你工作的时候，是否会因为别人的打岔而愠怒？

当你对自己或者他人感到不满的时候，是否会挑出存在的错误？

当你在购物的时候，是否不愿意搭理促销人员，而是自己去查询相关信息，然后自己做定夺？

看完这些问题后，如果你的回答全部是“是”，那么，无疑你与完美主义者相去不远；假如其中有一个答案是“是”的话，你就有向完美主义发展的趋势。

“完美主义”并不是一个贬义词，适当地追求可以促进我们做事认真、责任心强等优点。但是过分地去追求完美，往往会造成工作效率低，或者是生活质量差等问题。有这样一个故事。

有一位贫穷的渔夫在出海打渔的时候捞上了一个蚌壳，他惊喜地发现里面有一颗珍珠。这对渔夫来说无疑是幸运的，这颗珍珠在阳光下很耀眼。正当渔夫爱不释手地把玩欣赏时，突然发现珍珠上有一颗芝麻粒大小的黑点。渔夫就想，如果把这个小黑点去掉的话，那么这颗珍珠就完美了，就会更加值钱，以后自己也不用过着天天出海打鱼的苦日子了。

于是渔夫开始打磨这颗珍珠，在打磨中，他发现随着珍珠不断在变小，黑点也在变小，但是却变得小多了。所以渔夫接着打磨，直到最后黑点没有了，但是珍珠也没有了。

珍珠是宝贵的，渔夫盲目地去追求完美，最终使得珍珠不复存在。在我们的现实生活中与渔夫相同的人有很多人往往在追求完美时被拖住了脚步。美国前总统富兰克林·罗斯福曾坦然地向公众承认道：“如果我的决策能够达到75%的正确率，那就达到了预期的最高标准了。”罗斯福尚如此，我们又何必一味地要求自己达到100%的完美呢?

让我们来做一个很形象的比喻——跨栏。最好的跨栏选手不会把时间和精力花费在跨栏的姿势上，他们不追求完美，而是追求如何在很短的时间里跨过更多栏杆，追求如何能取得好成绩。如果只是追求姿势，最后只能与金牌无缘。

博比·琼斯是世界顶尖高尔夫球手，他在美国公开赛、美国业余赛、英国公开赛及英国业余赛中取了不凡的成绩，是唯一一个赢得高尔夫“年度大满贯”的人，他被称为是美国高尔夫史上最优秀的业余选手。

博比·琼斯在早期的时候追求完美，力求每一次挥杆都是完美无瑕的，当他做不到的时候，就会折断球杆，或是破口大骂，甚至是愤怒地离开球场。这种脾气造成了很多球员都不愿意和他打球，而他的球技也没有提高多少。后来，博比·琼斯渐渐意识到，一旦打坏了一杆，那么可以预想出结局，所以必须尽量去打好下一杆。

最后，博比·琼斯开始调整自己的心态，赢球的机会变得越来越多。有人问他为什么在打高尔夫上这么有天赋，博比·琼斯解释说：“要对每一杆有合理的期望，力求表现良好、稳定才能取胜，而不是寄望非常完美的挥杆来成就。”

从博比·琼斯的事例中可以看出，有时候过分追求完美的话，往往会拖住自己前进的步伐。完美主义倾向有两个组成部分：积极的方面，例如用高标准的要求来完成自己要做的事情;消极的一方面，诸如疑虑、对错误的过分关注和感受别人的压力，都是完美的有害因素。

一些科学家认为，高成就的人士可以被视为“积极的完美主义者”，他们并没有成为完美的牺牲品。但是又有人说，有些事物虽然看似完美，但它们总是有黑暗的一面。例如，一个完美主义者似乎在正常情况下表现得比较耐性理智，但在压力下则完全失去控制，完全暴露出两个极端。

加拿大的一位心理学教授弗莱说：“完美是一种美德，但是超过一定的门槛，必然事与愿违，变成一个障碍。”所以，在我们追求完美的时候需要分清场合，需要审视适度，不要被“完美”束缚住思想，拖住步伐。

第四章

交往要讲弧度：直来直往真性情，随和待人更智慧

人活在世上，不可避免地会与他人发生某种联系。如何与人相处，是我们人生中的重大命题。率直纯直、宽容和善良正直等等，都是人际交往中不可或缺的内涵。

*1.*请给交往留点儿距离

在太平歌词中有这样一个小段："天下云游四大部洲，人的心好比长江水自流。君子交友淡淡如水，小人交友蜜里调油。淡淡如水人情在，蜜里调油不到头。"意思是说，朋友之间应该如水般清澈，不掺杂任何的功利目的，它的最佳境界是心灵上的沟通。而小人间的朋友关系则是像蜜中混杂着油一样，越是油腻不可分，就越容易分开，因为人与人之间是需要距离的。

我们在与人对话时，最基本的礼貌就是给双方留出恰到好处的距离，最合适的社交距离一般在 1~3.5 米之间，其中 1~2 米之间的距离通常是人们在社会交往中处理私人事务的基本距离。当一个陌生人进入了你的隐私距离之内，你便会觉得特别不舒服，比如我们在银行取款时要输入密码，为了保护客户的机密，银行要求其他客户必须站在"一米线"之外。所以，这个距离保证了双方的安全感。

这是人与人之间的社交距离，其实，心与心之间也是要留出距离的，我们不能因为与别人是朋友、恋人或者亲人的关系就变得亲密无间，即使再亲近的人，也要给双方以舒适的空间。

两只困倦的刺猬，由于寒冷而紧紧地拥抱在一起，但是，当它们抱在一起的瞬间，却被对方混身的刺刺到了，于是它们不得不离开一段距离，但是没过多久，它们又因为寒冷而靠近，结果再次被刺到而离开一段距离。几经周折之后，它们终于找到了一个合适的距离，既能互相取暖，又不会被对方刺到。

这个故事告诉我们，人与人之间一定要给对方留出一些空间及心理的距离，这样才能更长久、更和谐地相处下去，俗话说："距离产生美。"

当你与人交往时，就像其中的一只刺猬，虽然想要应该更近一步，但是，假如不给对方留一定空间的话，对方也会觉得窒息，你的"亲切"反而会成为别人的负担。与陌生人交往要注意距离，同事、朋友之间更要注意，虽然是亲密无间的夫妻、无话不谈的朋友，但也不能把自己的一切和盘托出，那样会给朋友造成负担，也会为你的人生之路埋下隐患。

赵锋大学毕业后，凭着自己的一技之长和超强的工作能力，很快找到了一份称心的工作。最开始的时候，他在一家企业里做电话接线员，随后，领导发现他思维敏捷、文笔流畅，而且对工作管理也很有一套，于是领导就把他调到了办公室，从事行政管理工作。

赵锋本来就是一个大大咧咧、不拘小节的人，再加上刚走出校门，年轻人难免思想单纯。他进办公室工作后，看着人们都很热情，于是便与任何人都称兄道弟，心里不藏话，有什么说什么，和人打得火热。

这天，没有什么事情，同事们又在一起聊天，一个同事说："我都来公司两年了，没升职就不说了，就连工资都不见涨，真是郁闷。"赵锋热心地说："没关系，只要自己努力做，领导会知道的，工资也一定会涨的，你看，我刚来公司半年，领导就给我涨工资了。"

赵锋的话说完，同事们寒暄了几句就散了。

赵锋对此没什么特殊感觉，他依旧整天乐呵呵的，自我感觉与同事们关系"混"得很好。但是，年终评先进模范时，他竟然一票也没有，这个结果令他大为不解，单位里有上百名员工，他平时与每个人的关系都很好，但为什么一个选他的人都没有呢？

上述故事中，赵锋之所以没有被评上先进是因为他犯了一个很严重的错误，他与同事们的相处太过亲密了，说了些不该说的话，这些脱口而出的话，只能使他自找麻烦。确切地说，在我们的成长过程中，朋友与同事是完全不一样的，同事往往很难成为亲密无间的朋友，因为同事之间存在着许多现实的利益冲突，同事之间有合作也有竞争，而这竞争中往往会掺杂进个人感情。所以，当风平浪静时，同事会像亲密无间的朋友，但一旦涉及自身的利益，这种朋友关系便会自动崩溃。

所以，我们在与人交往时一定要把握好一个尺度，朋友是伤心或快乐时与你分享的人；爱人是与你一起创建幸福生活的人。他们都是你生活中值得依赖的人。所以，与他们在一起时你可以适度地敞开心扉，但是也不能过于去依赖对方。交往不能过于亲密，也不能过于疏远，与人交往要有“度”，“淡而不断”才是最准确的待人接物之法。

如今在快节奏的生活之下，人情似乎变得越来越淡薄了，每个人都在为自己的未来而忙碌，几个不错的朋友坐在一起聊天、娱乐是很奢侈的事情。所以，这时候，维系朋友关系很重要，打个电话简单地问候、发个电子邮件交流一下生活，这是很简单也是很容易做到的事，而就是这一个小小的举动，就已经达到了“淡而不断”的效果。

事业上志同道合的两个朋友在生活中能做到互相关心，在私人生活上能够保持彼此相对独立，相互之间不打扰对方的正常生活，这才不失为一种高尚的友谊。留出距离是给对方留余地，也是给自己留空间，与人相处淡淡如水就好，像弹簧一样可近可远，又非近非远，这才是与人交往中最大的智慧。

2.要懂得照顾别人的"面子"

在现代社会里，一个懂得交际艺术的人在任何场合中时刻都会照顾别人的感受，不会让人感到尴尬。人人都有自尊心和虚荣心，这就是中国人常说的"面子"，如果你是个不在乎面子的人，那么你肯定没有好人缘；如果你是个只顾自己面子，却不顾别人面子的人，那么你总有一天会在"面子"上吃亏。所以，你在与人交往的时候要时刻照顾别人的感受，给人留个台阶。

在社交场合中，每个人都希望把自己最好的一面展现给众人。所以，人们对于自己的形象塑造极为谨慎，自尊心和虚荣心也比平时更为强烈。在这种心态之下，如果因为你的一时不注意而使对方下不来台，那么对方的心便会受到创伤，从而对你产生强烈的反感，甚至在心底埋下怨恨。

夏桂雪是一家公司的部门主管，她年轻、有朝气，而且很能干，有拼搏精神和创新意识，做起事情来雷厉风行。不过，她最大的毛病就是爱较真儿，对待职员很苛刻，尤其生起气来从不照顾别人的面子。

这天，夏桂雪因为堵车迟到了，到公司的时候，会议已经开始了，她被点名批评。会议中，有人提出和她相反的想法，她本来就生气，现在更是气愤了，于是便和同事争论起来。由于她的脾气暴躁，而那个同事也是平日里常常与她作对的人，结果，他们的争论马上由工作问题转向了人身攻击。

散会后，经理把她叫到办公室，请她调节自己的状态，夏桂雪虽然点头答应了，但是心里仍然带着情绪。她回到自己的部门后，发现有人把前一天的工作弄出了乱子，这下，夏桂雪终于找到宣泄的对象了，她将犯错的下属大骂一通，连同上来劝解的同事都骂了。

劝解人感觉很委屈，自己本来是打圆场的，怎么又挨上骂了呢？于是，同事马上与她针锋相对，两人一起和夏桂雪大吵了起来。事情再次惊动了经理，领导又把她找去，请她注意自己的工作态度，不要动不动就撕破脸皮地训斥下属。但是，夏桂雪的脾气不但没改，反而更暴躁了。

一周后，经过董事会一致投票，夏桂雪被免去了主管的职务，原因是夏桂雪的下属都被她弄得整天战战兢兢，并且暗地里抱怨。夏桂雪不服气，去找老板理论，正巧老板在和几个高层领导开会。夏桂雪当场指责老板，宣泄自己不满的情绪，刚开始老板劝她冷静，等会后再谈，但夏桂雪不依不饶，最后，老板当场宣布辞退了夏桂雪。

俗话说：“树怕剥皮，人怕伤心。”在无助的时候得到一个“台阶”对每个人来说都很重要，法国作家雨果有句名言：“世界上最宽阔的是海洋，比海洋更宽阔的是天空，比天空更宽阔的是人的胸怀。”何必总是斤斤计较呢？人活在这个世上要懂得“得饶人处且饶人”的道理，这样，无论你做任何事情或与任何人交往都会变得很顺利。

“径路窄处，留一步与人行；滋味浓时，减三分让人尝。”这是一条古训，当你走到狭窄的路上时，要给他人留一点儿余地，就算他人有错在先，你也不能得理不饶人，这是中国自古以来的传统美德。谁都不想与一个咄咄逼人的人交往，那是因为无论何时你会有一种被他踩在脚下的感受，这种人就像在你后面拆桥的人，永远不会给你留后路。

其实，一个人自知“理亏”的时候，他已经有了改错的心，为什么不给他一个机会呢？如果这时候你为他铺一个台阶，他必定会心存感激的。

曾获得过美国侦探小说家大师奖的畅销书作家托尼·希勒，14 岁时开始了第一次打工经历，他在农场当工人，而且受益匪浅。

那天，老佃农英格拉姆先生敲响了托尼家的门。这个老佃农住在马路那头大约 1500 米的地方，他想找人帮助收割一块苜蓿地，1 小时给 12 美分的报酬。在 1939 年经济大萧条时期，能够得到这样的报酬，托尼已经很满足了，他高兴地答应了英格拉姆先生。

当他们正走往苜蓿地的时候，英格拉姆先生发现一辆装有西瓜的卡车陷在自家的瓜地中，显然是有人想偷自家地里的西瓜。英格拉姆先生对托尼说："车主很快就会回来的，咱们在那儿看着，看到底是谁有这么大的胆子居然敢在光天化日之下跑来偷我家的西瓜。"

没过多久，一个在当地因打架和偷窃而臭名昭著的男人带着两个体格粗壮的儿子出现了，他们看到英格拉姆先生和托尼在场后非常恼怒。

英格拉姆先生走上前，用平静的口吻说道："我想，你们是想来买我的西瓜吧?"

那个男人沉默了很久，才回答道："嗯，我想是的。你家的西瓜要多少钱一个?"

英格拉姆先生微笑着回答："25 美分 1 个。"

"我看这价格还合适，好吧，你帮我把车弄出来吧。"男人也笑笑说。

结果，英格拉姆先生不仅避免了一场危险的暴力事件，而且还做成了夏天里最大的一笔买卖。英格拉姆先生笑着对托尼说："孩子，如果不宽恕敌人，就会失去朋友。"

事情往往就是这样，"与人方便，自己方便"。你宽容地对待别人，给别人一个台阶下，那么别人也就会用自己的真诚来回报你的宽容。做事情的时候能够考虑到别人的感受，既是一种高尚的品德，也是一种高明的智慧。能考虑到别人的尊严，就一定能得到人们的拥护和爱戴。如此一来，即使对方犯了错，也会对你的意见虚心采纳，并积极改正。就算对方做得不好，使得你不得不与对方翻脸，这时也无须大吵大闹，你需要做的是不动声色地退出，这对你今后的发展会有帮助。

“你敬我一尺，我敬你一丈”，做人做事应该时刻注意到别人的感受，不能只顾自己的喜好。

3.义比金坚，舍得为朋友付出

刘备、关羽、张飞3个人在桃园结义并许下诺言：“不求同年同日生，但求同年同日死。”从此桃园三结义便成为了交朋友的最高境界。许多人为了一个“义”字可以“两肋插刀”，许多人为了“义”字舍得牺牲自己，这种友谊义比金坚，令人心生敬意。

法国作家罗曼·罗兰说：“得一知己，把你的整个生命交托给他，他也把整个生命交托给你。”他在描述朋友间的关系时曾经写道：“你睡着的时候，他替你守卫；他睡着的时候，你替他守卫。……更快乐的是倾心相许，整个儿交给朋友支配。等你老了、累了，多年的人生重负使你感到厌倦的时候，你能够在朋友身上再生，恢复你的青春与朝气，用他的眼睛去体会万象更新的世界，用他的感官去欣赏瞬息即逝的美景，用他的眼睛去领略人生的壮美……即便是受苦也是和他一块儿！只要能生死与共，即便是痛苦也成了快乐!"

"朋友"是除了亲情之外最亲的一种关系，是所有的人际关系圈中最纯粹、最值得珍惜的关系。无论你或者他有着怎样的背景、地位、身份，你们的朋友关系会把这一切都拉为平等的位置，你们之间不会掺杂任何的外界物质。在他的面前，你所有的过错都会被包容，所有不好的情绪都会被化解；在他的面前，你高兴时，他会适时地"泼冷水"，你失意时，他也会为你"雪中送炭"；在他的面前，你不会伪装自己，也不会费心经营所谓的"交际"，因为你们是朋友，像手足一样，你就是他，他便是你。

从前，有一只狐狸和一头毛驴，它们是非常要好的朋友。有一次，狐狸生病了，毛驴到处找食物给狐狸吃，狐狸在毛驴的精心照顾下很快恢复了健康。为此，狐狸很感激毛驴，并发誓说："毛驴大哥，我以后一定会好好报答你。"

毛驴相信了狐狸的话，从那以后，它们的关系更亲密了。毛驴只要找到了好吃的，就留一半给狐狸，还真心诚意地对狐狸说："兄弟，只要我们俩团结一致、互相帮助，就没有战胜不了的困难，也不用再惧怕森林中的狮子了。""就是，就是，有毛驴大哥在，我什么都不怕!"狐狸边啃着毛驴送来的食物边说。

一天，狐狸和毛驴结伴到森林里寻找食物，在路上，它们碰到了狮子，见到狮子，狐狸吓得够呛，于是灵机一动对狮子说："狮子大王，那头毛驴跑得很快，您可不见得能追上它，要不我们做一笔交易吧，只要我帮您捉住了毛驴，您就放了我，您看怎么样?"

毛驴听后，生气地对狐狸说："现在大敌当前，我们只要精诚团结，肯定能战胜狮子，可你怎么能出卖我呢?"

“毛驴大哥，我有办法战胜狮子，我这是骗它呢！你照我说的做准没错！你看，那边有个大坑，你跳进去躲起来，狮子交给我来对付就行了。”狐狸故意压低声音对毛驴说。

“谢谢你，好兄弟。”毛驴感动地掉下了眼泪，它毫不犹豫地跳进了那个深坑里。

“尊敬的大王，我已把那该死的蠢毛驴骗进了深坑里，您随时可以抓住它。那么，现在我是不是可以走啦？您快去享受您的美餐吧！”狐狸向狮子谄媚道。

“呸，毛驴已逃不掉了，早晚我会吃掉它，现在我要吃的是你！”说完，狮子猛扑上去，咬死了狐狸。

对于朋友，我们要像爱惜自己那样珍惜对方。一个出卖朋友、背叛朋友的人，实际上是在出卖、背叛自己，你陷害朋友的刹那间，也在为自己埋下反蚀的种子。所以，不管你处于什么情况之下，朋友如手足，永远不能背叛。而且对朋友不要说过分的话、不斤斤计较、不小气吝啬，永远把“义”字放于第一位，这样的人会令所有人敬佩。

也许我们在平时与朋友的交往中，友谊会显得很平淡，但是一旦遇到危难时，友谊的力量便会展现出来，“义”字也会体现出它真正的价值。俗话说：“患难见真情。”朋友之间最难得的是风雨同舟，因此，“风雨”也是考验你们友谊的最佳环境。那些在逆境中远离你甚至落井下石的人，不是真正的朋友，真正的朋友是能与你患难与共的，共同患过难的友谊才能更长久。

在两年之前，赵斌因为操作失误，导致苦心经营了3年多的小公司破产了。一夜之间，他不仅身无分文，还欠下了一堆外债，每天要债的人都会找上门来，让他有家不能回。想来想去，他只能到朋友陈亮那儿躲一躲。

他们是发小，从穿开裆裤的时候就在一起玩儿，关系当然是没得说。而且小时候去海边玩时，他还曾经把掉到水里的陈亮救上来过，所以他们的交情是非常深厚的，虽然平时不怎么联系，但他想陈亮应该还是会帮自己的吧。

赵斌上火车时还信心满满，但下了火车，他又有些犹豫了，多年没见，朋友还是原来的朋友吗？记得陈亮结婚的时候，他去参加婚礼，陈亮娶的是一位娇滴滴的女人，她会不会嫌弃自己呢？

想到这里，他把口袋里仅有的一些钱翻出来数了数，便在火车站旁找了一间最便宜的小旅馆住下了。赵斌心想：还是在这儿躲躲吧，能住几天算几天！

这天，他正在房间里发愁，这时传来了敲门声，打开门一看，原来是朋友陈亮，他一身的尘土和倦怠，一见面就生气地数落赵斌："你真不够哥们儿，来省城也不找我！要不是你妈偷偷地打电话给我，我还不知道呢！害得我到处找你！"

赵斌低着头瞅着脚尖，小声地嘟囔着："这不是怕给你添麻烦吗？你看我现在，又脏又穷……。"

朋友在他的胸口擂了一拳："你还是那个倔脾气！小时候一起在黄泥里滚的时候不脏呀？分着吃一根冰棍的时候不穷呀？朋友就是用来麻烦的，你不麻烦我，我才生气呢!"

那一刻，他纵有千言万语都被噎在喉咙里，一句话都说不出来。当他以为全世界都抛弃了自己的时候，原来还有一个深深地记挂着自己、不嫌自己落魄的人，有这样的朋友，还能说什么呢?他只得乖乖地收拾行李跟着陈亮去他家了。

陈亮的妻子对他也很好，早已经给他收拾了一间明亮宽敞的屋子，为他准备了可口的饭菜，还叮嘱他千万不要客气，就当这里是自己家一样。他洗了澡，换了衣服，美美地睡了一觉。

之后，赵斌调整好心态，到银行贷了款，抓住机遇，终于东山再起，不但还清了贷款，还有了安定的生活。

"朋友就是用来麻烦的。"一个人的身边可以没有家人、没有亲戚，但是不能没有朋友。既然一个"义"字让你们走到了一起，那你就要舍得为朋友付出、与朋友肝胆相照、为朋友两肋插刀，一个只会单方面索取的人不会得到真正的朋友。

当然，舍得为朋友付出是"义"字的表现，但是，也不要忘记道德与法律的底线，帮朋友不是"助纣为虐"，如果你看着朋友走向歧路，还为了"义"字包庇、隐瞒，甚至助上一把的话，这反而是把朋友推向火坑了。

4.多一份信任，少一点儿猜疑

《红楼梦》中多愁善感的林妹妹寄居于外祖母的家，她从心底就觉得低人一等，因为这种想法，便逐渐形成了疑神疑鬼、患得患失的性格。其实，这都是她心胸狭窄所造成的，她对任何人都没有信任感，便对所有人的意图都产生了怀疑。生活中也有些人自命清高、唯我独尊、没有自知之明，他们对周围的人或事都觉得不可思议，由此产生了种种猜疑，诸葛亮的空城计之所以会成功，便是利用了司马懿的这种心理。

人与人的性格、能力是有差异的，有些人的进步可能快些，有些人的进步就慢些。在起跑线相同、目标相同的情况下，发令枪响之后也会产生各种各样的差异。所以，人不能要求永远相同，也不能因此怀疑一切而对世界产生偏见。很多人多疑的原因不是来自于别人的超越，而是源于自己的内心。

有一则古代寓言，说的是有一个人丢了砍柴用的斧头，他起初怀疑是邻居的儿子偷的。自此之后，邻居的儿子办事、说话甚至连走路的样子他都觉得像一个偷斧子的人。后来斧子找到了，他再看那位邻居的儿子也不像偷斧子的人了。

可见，有时候怀疑都是由自己不健康的心理引起的。这些猜疑虽然不是出于恶意，却让被猜疑人感觉不舒服，甚至火冒三丈。因此，再好的关系也会破裂，即使可以办成的事，也会失败。

一位青年男子爱上了一位漂亮聪颖、柔情似水的女子，他们形影不离，海誓山盟。

但是，也许是因为男子对她爱得太深的缘故，或者是这位男子在风度翩翩的外表中包藏着一颗狭隘自私的心所致，他对她处处看管，以至于对她的一举一动、一言一行都处处留心，就算与男同事说句话也对她纠缠不休。他怕她变了心，被别人抢去。

后来，他开始限制她的活动，甚至暗地里进行跟踪。

最终，女子断然与这位白马王子分道扬镳。她的这种选择在外人看来可能会觉得没有道理，但又有谁能理解，整天被自己的心上人用“怀疑”来折磨的感受呢？她纯洁的心灵经受了很大的煎熬，最后才作出了这样的决定。

猜疑是一块“暗礁”，它源自于内心，却让人无法把握，喜欢猜疑的人觉得别人时时都会攻击、伤害自己。在他们的眼中，草木皆兵，风声鹤唳，每个人都是潜在的“杀手”，这样的人是无法得到真正的爱情和真正的友谊的，同样也不会成就任何事情。避免猜疑的最好办法就是多一分信任，当你信任你身边的人，信任这个世界的时候，你的心情就会得到舒缓。

培养信任之心的第一步可以遵循“眼见为实，耳听为虚”的原则，对于任何事情都应该相信自己的判断，绝对不要因为间接的消息而动摇。听到其他人传给你的消息时，一定要反复甄别、仔细推敲，在没有实证的情况下不要胡思乱想，更不要信以为真，这样你便不会瞎起疑心了。

其次，对什么事情都要坦诚些，以信任的姿态去做任何事情。有些人谈恋爱时，特别愿意给对方“下套”，让对方去猜自己的内心，一旦对方不按照自己的思路，便会对感情产生怀疑。试想一下，如果一个人总让你去猜，你就一定能猜得对吗？当你对对方进行所谓的“考验”时，实际上就是在考验自己，久而久之，爱情便成了一种煎熬。

里奇是小镇上一个出了名的地痞，他整日游手好闲、酗酒闹事，他经常借钱不还、敲诈勒索，甚至还嗜赌成性。小镇上的人都很讨厌他，见到他唯恐躲避不及。

一天，里奇醉酒后失手打伤了前来讨债的债主，被判刑入狱。入狱后他翻然悔悟，对以往的言行懊悔不已。

5年后，里奇从监狱中出来了，他充满希望地回到小镇上想重新做人。但是，当他找地方请求打工赚钱时都被拒绝了，谁也不敢让他来工作；当他来到亲朋好友家借钱时，看到的都是一双双不信任的目光。

食不果腹的里奇在小镇上溜达了一个星期，依然找不到出路。他那颗刚充满希望的心开始滑向失望的边缘。在走投无路下，他只好敲响了镇长的大门，恳求镇长可以借给他一些钱。

听完里奇的话，镇长什么都没有说，他转身回屋拿出了1000元，把1000元钱递到了里奇手中，温和地说道："人们都说你不会还钱，但我相信你现在已经不是那样的人，也许他们对你有误解。"

里奇平静地看了镇长一眼后，消失在镇口的小路上。

数年后，里奇从外地归来，还领回来一个漂亮的妻子。这些年来，他靠1000元钱起家，苦命拼搏，终于成了一个腰缠万贯的富翁。

到了小镇，里奇还清了所有亲朋好友的旧账，他来到镇长的家，恭恭敬敬地捧上了1000元钱，说道："谢谢您！"

事后，费解的人们问镇长："当初，你为什么相信里奇日后能够还上1000元，他可是出了名的借钱不还的地痞。"

镇长笑了笑，说："要是以前我肯定会怀疑，但是我相信现在的他不会欺骗我。"

一个即将走向极端的人就这样被镇长的信任拯救了过来。没人能用威逼利诱争取到信任，因为它来自于一个人的灵魂深处，是活在灵魂里的清泉，它可以拯救灵魂、滋养灵魂，并能使人的内心变得纯洁和自信。请不要戴着有色眼镜去看人，向失望的人伸出你的手，也许一个小小的动作能改变一个人的一生，出现意想不到的奇迹。

有人说，猜疑也是一种矛盾，凡是疑心比较重的人也往往容易产生被人猜疑的错觉。也就是说，别人本来没有怀疑你，你却一直感受到别人的怀疑。由此，种种忧郁、苦恼等不良情绪便会接踵而至来侵蚀你的内心，这不是自讨苦吃吗?

你给世界一个微笑，世界也会微笑着看着你；你给别人一份信任，别人也会对你深信不疑。多一份信任，少一份猜疑，让你的人生远离灰暗的色调。

5.与朋友相处，眼里须能揉得进沙子

常听人说“什么样的心胸决定什么样的人生”。成大事者必然为心胸宽广之人，我们在与人交往中拥有一个包容的胸怀，会赢得伙伴甚至对手的尊敬，还会不断化危机为转机。俗话说：“宰相肚里能撑船。”我们与人相交时一定要有容人之量，对于他人的是非对错，少一些计较，多一些包容。能容人之所不容、忍人之所不忍，才能求大同存小异，为自己的生存创设一个良好的环境。

虽然身边有很多事让我们看不惯，但有些事你越是计较，它就越是严重。“水至清则无鱼，人至察则无友。”如果你觉得身边没有一个人能让你容得下，那就等于自己孤立自己，久而久之，你便会与社会格格不入，周围被冰块包裹。事实上，你只需要洒脱一些，加强自我修养，充分了解自我，与人交往时从对方的角度设身处地地思考、处理问题，对对方多一些理解与体谅，那么你身边的冰块便会自动融化，你也会很快融入社会之中。

宋朝大才子苏轼喜幽静，闲来无事时，他时常会到附近的寺庙里找佛印

和尚一起下棋、喝茶、聊天。

有一天，两人正在喝茶，苏轼突然想逗一逗佛印和尚，便装作很认真的样子问佛印和尚："佛印，你看我像什么？"

佛印仔细地端详了一会儿苏轼，对苏轼说道："我看你像一尊佛。"

听到了佛印的回答之后，苏轼哈哈大笑，心里万分高兴，他又笑着问佛印："你知不知道我看你像什么？"

佛印摇摇头，笑着说："我不知道。"

苏轼笑着说道："我看你像一堆屎。"

听了苏轼的话，佛印和尚并没有生气，只是平静地对苏轼笑了笑。

回到家以后，苏轼越想就越开心，就把这件事告诉了自己的妹妹。听了这个故事以后，苏小妹笑哥哥亏大了。

苏轼的妹妹苏小妹也是一个才女，她不仅才思敏捷，而且很机灵，常常帮助苏轼化解难题。于是，苏轼好奇地问道："我怎么会吃亏了？"

苏小妹对苏轼说道："哥哥，我们常说，一个人心中有什么，外在就会看到什么。佛印把你看成一尊佛，说明他心中有佛，但是你却把他看成是一堆屎，不是说明你心中正装着一堆屎吗？"

听了妹妹的解释，苏轼先是一愣，接着他意识到自己亏大了，继而哈哈大笑。

我们佩服佛印和尚的气度，苏轼那样说他，他竟然不生气，还莞尔一笑，没有在心中忌恨苏轼。他的宽容让苏轼更敬重他，也让我们更加敬重他。我们也很佩服苏轼的气度，他性格活泼，喜欢开玩笑，吃了一个暗亏后，反而开怀一笑。也许只有像佛印和苏轼那样豁达的人才能彼此相知，成为知己吧！

我们在与人相处时，不能太较真儿、认死理。人生短暂且宝贵，需要我们做的事情也有很多，我们为什么要为那些不愉快的事情耿耿于怀呢？“一笑泯恩仇”，每个人在做人做事的方式和方法上都有自己的风格，我们不能以自己的风格去衡量别人，更不能把宝贵的时间都花在计较别人的事情上。

从前，一个寺院里面有一个很调皮的小和尚，他特别喜欢趁着夜色翻出寺院到外面去玩。但是他的个子比较矮，于是他就在翻墙的时候把一张凳子放在院墙边。

一天晚上，用过斋饭之后，住持独自在寺院里散步，当他走到寺院南边的高墙时，突然发现了一把座椅斜靠在墙上，他马上想到这是有人趁着夜色跑出去了。

住持没有离去，他把凳子搬开了，而是自己默不作声地在院墙边等候。

一直等到午夜时分，那个外出游玩的小和尚才在墙头悄悄地伸出了头，只见他四处观望了一下，然后慢慢地翻过墙来，跳到了椅子上。但是他踩到凳子上的时候，发现这根本就不是凳子，而是住持！

这个时候，小和尚害怕极了，他战战兢兢地等待住持发落，他认为住持一定会狠狠地骂他一顿，还会把他狠狠地打一顿。

谁知，住持只是微微一笑，并没有责怪这个小和尚，而是心平气和地说：“晚上外面危险，我只是想确定一下你是否能安全回到寺院，这样我就可以放心地睡觉了。”说完，住持就走了。

回去以后，小和尚从住持的宽容中得到了启示，他认真地反省了自己，还收住了自己的心，暗地里努力修炼，再也没有偷翻过一次墙。过了很多年之后，他成了一位颇有造诣的高僧。

“人非圣贤，孰能无过。”在别人犯错的时候，我们应像那个住持一样宽以待人，而不是去责骂或惩罚犯错的人，让其自省并发现自己的错误，这样会得到不同的结果。试想一下，如果那位住持发现了小和尚翻墙之后对他大加责备，并处罚了小和尚会怎么样呢？也许，小和尚不仅不会引以为戒，而且会适得其反，继续偷偷地翻墙，甚者会在心里记恨住持，更不会勤加修行了。

一个拥有良好的修养的人凡事都会把别人的感受放在第一位，遇到事情可以从对方的角度考虑周全。当你对朋友多一些体谅与理解时，那么你们之间的关系也会增近一层。而当你面对那些无礼或者挑衅的人时，更没有计较的必要，“你站在桥上看风景，看风景的人在桥下看你。”当对方挑起事端逼你就范时，你以宽阔的胸怀包容了，对方便会自惭形秽。如果你与他较起真来，那么只会让别人在一旁看热闹。

在公共场合中，我们更要注意自己的形象，特别是对于那些素不相识的人，不要因为一些小事而起争执。如果对方遇上烦心事，正心气儿不顺，矛盾就很容易产生了，这时候，如果你较真，那你就会成为对方发泄及情绪转嫁的对象了。如果对方没有素质、没有修养，你与他计较更是把自己的水平降低，让别人看了出好戏，使你尊严尽失。

因此，人与人相处时，要互相体谅、互相理解，得饶人处且饶人，不要总是因为一些鸡毛蒜皮的小事而摆出一种“眼里揉不下沙子”的姿态，人与人之间能有什么深仇大恨呢？无非是看不惯、反感而已，“大肚能容，容天下难容之事；笑口常开，笑世间可笑之人。”做一个像弥勒佛那样的人，不去计较别人的是非对错，那么你的人生路，一定会越走越宽广。

6.守礼有礼，礼多人不怪

孔子留给我们为人处世的五字真言："仁义礼智信。"其中的"礼"指的是待人之礼、处世之礼，也就是人的举手投足之间所散发出的气质。诗经云："谦谦君子，赐我百朋。"中国自古以来就是礼仪之邦，无论做什么事都要把"礼"放在第一位。

小时候的"礼"重点指的是礼貌，像"请、谢谢、对不起"这类话，是我们从小就学习的为人处世必不缺少的3个词。现在的"礼"更偏指于礼仪、礼数，它是从一个人的言谈举止间流露出来的，能直接反映出一个人是博学多识还是孤陋寡闻，是接受过良好的教育还是浅薄粗鲁。一个守"礼"有"礼"的人会在交际中受到人们的欢迎，给人留下风度翩翩、不同凡响的好印象。

动物王国正在举办一场舞会。当音乐响起时，大狗熊赶忙扔掉手里啃了一半的玉米，一边大口嚼着玉米渣，一边寻找自己的舞伴。

大狗熊看到了美丽的梅花鹿，它便走到梅花鹿跟前，邀请梅花鹿跳舞。

梅花鹿见大狗熊嘴里还在不停地嚼着玉米渣，身上也脏兮兮的，便说："对不起，大熊，我今天头痛，不想跳舞。"

大狗熊又继续邀请小猴、小象，但它们都以想休息会儿为理由委婉地拒绝了大狗熊的请求，大狗熊只好没趣地回到座位上，一个人无聊地喝起酒来。

一会儿，大狗熊发现狮子走到梅花鹿跟前。当狮子一弯腰，绅士般地伸手邀请梅花鹿跳舞时，梅花鹿欣然和它一起步入了舞池。第二支舞曲响起时，小猴、小象等主动去邀请狮子跳舞。

看到这一切后，大狗熊大惑不解地问刚从舞池下来休息的野猪："老哥，你帮我想想，为什么我邀请梅花鹿、小猴跳舞时，它们要么说头痛，要么说想歇一会儿，可现在它们反而主动去邀请狮子跳舞，难道狮子的血统比我高贵吗?"

野猪上下打量了一番大狗熊，说道："不，老弟，问题不是出在这里，你应该在自己身上多找找原因。"

"从我自己身上找原因?"大狗熊不明白了。

"你瞧瞧你自己的形象吧，全身上下都是玉米渣，脏兮兮的，好像刚从野战场回来一般。你再看看狮子，全身上下光洁干净，举止彬彬有礼，要多斯文有多斯文，这就是它赢得大家好感的根本原因。"野猪说道。

故事中，大狗熊之所以找不到舞伴，就是因为它举止粗俗。有人说，男人的教养就好像女人的美貌，能够马上让人产生好感，事实上的确如此。优雅的举止往往比容貌的美丽更能吸引别人。在生活中，文明的举止足以代替金钱的作用，有了它就像有了通行证一样，可以畅通无阻。有教养的人在哪里都会受到人们的欢迎，都会拥有好人缘。

礼多人不怪，当你与人交往时，如果你的礼数不够，那只能说明你不够用心，对人不够重视。对你连最基本的礼貌都没有的人一定不值得交往。

孔子说："不学礼，何以立。"我们不去以"礼"以待人，怎么能处身于社会呢?

高春丽是一家跨国企业的地区经理，她常常目中无人，说话时也从不顾及别人的感受。高级职员去见她时，她不但不会站起来迎接，还会跷着二郎腿坐着不动，甚至连一句问候的话都没有。很多时候，她从来不会听下属的陈述，架子十足。当她不高兴时，无论你说什么，她都不开口，一副充耳不闻、视而不见的态度。

当她布置工作时，总是以呼来喝去的说话方式，从来不礼貌地叫别人的名字，经常以“喂”、“哎”等词来指人。她得势的时候，大家总在背后议论，在表面恭维、奉承她。后来，她失势了，一时之间攻击她的人变得多起来，最后竟然达到了铺天盖地的程度，使她不得不离开公司。

也许高春丽只是“心直口快”，但是那种毫无顾忌的表达方式以及随意的表达习惯正是她做人的失败之处。当然，我们不能以陈腐的老规矩去约束自己的言行，但社交场合最基本的礼貌是必须要有的。比如我们不能在众目睽睽之下坦然地坐在“老、幼、病、残、孕”专座上；不能在禁止吸烟的牌子下悠然地吐着烟圈。这都是一个人素养的体现，也是一个人形象的标志。

在日常生活中，心中所恪守的“礼”应该多一些，特别是在语言方面更要注意。一个人最基本的技能便是出口成“礼”，有句话说：“人不到话到。”就是这个道理，选择正确的说话方式及合适的语言会使对方感觉到被信任、被尊重。如果要做到这一点，一定要注意自己说话的内容和声调，出言不逊的人最惹人嫌。

所以，我们在对待别人的态度上一定要礼貌友善，面带微笑是最基本的礼貌，恭谦的态度更能彰显你的风度。在说话方面，一定要控制好自己的语速和语调，说话时尽量温和，语气、语速适中，这样的声音会产生强大的感染力，令对方愉悦。最重要的是，一定要无处不在地把“礼”放在最前面，正所谓“礼多人不怪”，谦恭而有礼的人像一块磁铁一样吸引人，受人欢迎。

7.大丈夫更要拘小节，举止得体赢人心

“不拘小节”常常会被用来形容为人豪爽、坦率真诚，它看起来并不是一个贬义词，但是，一个举止仪态都不拘小节的人往往会给人带来不便，也会让自己的形象受损。处身于社会之中，人与人之间的接触是避免不了的，除了语言的沟通之外，动作、表情、穿着等也是我们“看人”的重要因素。一个举止不端庄、穿着邋遢的人无论有多么高的地位无论有多少金钱，他也不会被人认可。

在任何的社交活动中，我们都以给对方留下美好而深刻的印象为宗旨。穿着得体、装束典雅而不张扬，这是外在美的要求，也是与人交往中基本的礼貌。比如，某公司禁止人们穿拖鞋、短裤，因为这些着装表达着一种散漫的风格，与公司严肃的气氛格格不人，穿着与装扮都是为适应环境而服务的，仅凭个人的喜好只会招人厌烦。

除了外表得体之外，高雅的谈吐、优雅的举止等内在涵养更是赢得人心的重要条件。当一个人在日常生活中以良好的站、坐、行姿态展现在别人面前时，才会感染人、吸引人，让人觉得他举止端庄、优雅得体、风度翩翩；否则，无论你的外在穿着有多么得体，你不经意的一句话或一个动作便会出卖你。

泽朋刚刚从学校毕业，正是注重言谈举止的时期，但他却不太注意自己的行为举止，走路时看起来有气无力的，站在那也是东倒西歪，给人一种颓

废的感觉。

好朋友劝他说：“你这么年轻怎么站没站样、坐没坐样的，看起来一点儿精神都没有。”

他则反驳说：“人只要有能力就行了，大丈夫不拘小节，哪有那么多讲究呢!”

但正是因为这些“小节”对他的人生产生了深远影响。

他第一次找工作时就给一个大企业投了简历，初试、笔试都进行得非常顺利，而且成绩相当不错，他满以为被录取应该是水到渠成的事情。可是，他却在最后一道面试的时候被淘汰了，其原因就是因为他举止不端引起的。

最后的面试是由老总亲自主持的，泽朋走进办公室后，老总一直皱着眉头，简单问了几句后就说：“回家等电话吧!”就把他打发走了。

泽朋出门后，老总对人事经理说：“这个年轻人虽然各个方面都不错，能力也强，但是他那有气无力的走路姿势实在让人受不了，看了就觉得刺眼。如果录用了他，那么公司形象及其他员工必然会受到他的影响。”

泽朋就因为这一个简单的原因被淘汰了，可见举止在与人交往过程中所起的重要作用，它在很大程度上左右着别人对你的观感。因此，行为举止虽然是小事，但我们还是要加以注意。

举止是一个人的“范儿”，一个人的自身素养都会体现在生活和行为方面，举止也是映现人们内涵的一面“透心镜”。每个人的周围都会有一个磁场，而这个磁场的强弱直接关系到我们与人交往的顺利与否，如果要让自己周围的磁场变得强大有力，吸引更多的人，首先应该做到在举手投足之间赢得别人的赞许。

在我国古代，对人的姿态和举止就有了“站如松，坐如钟，行如风”的审美要求，还规定女子“行不露足，笑不露齿”等。现在人们也常说：“站有站相，坐有坐相。”试想一下，如果一个人松松垮垮地坐在那里，身子瘫在沙发上，那么一定会给别人留下一副满不在乎、无精打采的印象；如果跷着二郎腿，或者不停地抖腿，就会给人一副高不可攀、极不耐烦的印象；如果走起路来匆匆忙忙、风风火火，就会给人一种极不稳重、毛毛躁躁的感觉；……总之，在社交场合中，你的坐、立、行、走都会直接影响你的形象，代表着你对他人的态度。

一般来讲，标准的站姿为：头正、颈直、两眼平视、肩平、挺胸收腹、上体自然挺正。两臂自然下垂、两腿挺直能使身体的曲线自然显露出来，这样就会给人一种优美挺拔、精神饱满的感觉，同时也展现出一个人的气质和风度。标准的坐姿为：上身挺直稍向前倾、膝关节平正、两臂贴身自然下垂、双手随意放在两腿上，与陌生人交往时不要随意跷起二郎腿。女性在坐的时候双腿应该并拢；而男性则要将膝盖张开约一个拳头的距离，两脚要自然着地，之间的距离大致与肩宽相同。

特别注意的是，如果在正式的社交场合，如应聘、商谈等，即使椅子有靠背，也不要向后倾靠，因为这是一种极不礼貌的行为，也会给人一种不屑的感觉。走路的标准并不统一，有些人天生有外八字或者内八字脚，走起路来不太优美，这些纠正起来也不是一件容易的事，所以走路时，只要做到两眼平视、抬头挺胸、步伐稳健，显示出落落大方的姿态就可以了。

当然，不是做好以上几点就万事大吉了，还有一些细节的东西更应该注意，大丈夫不拘小节主要指的是做人要心胸宽广，并不是无礼无节。在我们与人交往的过程中，不仅语言会透露我们的内心，举止也会不自觉地传递出我们的心中所想。因此，不拘小节、放浪不羁等在社交礼仪中其实是贬义词，大丈夫更要拘小节、举止有度，以标准的姿态展现自己；举止得当，以最合适的礼仪接纳别人；言谈举止间冷静且不失幽默，潇洒且不失风度。

例如，千万别当着别人的面打哈欠。当你与别人谈话时，尤其是对方正在滔滔不绝地高谈阔论时，你张大了嘴巴打哈欠，很容易让对方觉得你在轻视或厌恶他，因而不利于交谈的顺利进行。如果实在无法克制，你可转过头去，用手掌捂住嘴，切记不要出声。

再比如，在交际场合挖鼻孔、掏耳朵等，这些都是相当失礼和令人讨厌的动作。尤其是当大家正在饮茶或用餐的时候，挖鼻孔、掏耳朵之类的不雅之举，会让旁观者感到恶心。即使你真的痒得难受一定要解决时，也最好暂时离开并向对方表示歉意后再解决。

得体的举止是一个人的名片，不管你是高官还是寻常百姓，这都足以表明一个人的素质和修养，同时你的素质与修养也影响着别人对你的评价。开国总理周恩来的翩翩风度吸引了很多人，一位欧洲的女作家曾经说："周(恩来) 在演讲时，步履矫健、昂首挺胸、神色自若，全身洋溢着自信与激情。他时而平静、时而激动、时而温和、时而愤怒，而这一切都是那么得体和恰如其分。"这种独具魅力的举止使周总理成为了一位杰出的演说家、一位优秀的谈判高手、一位受到世界人们欢迎的总理。

在社交场合中，男士要处处以绅士的标准要求自己，在交际中自然大方、谈笑自若、宠辱不惊；女士应时刻注意自己的形象，温柔娴静、沉着干练、典雅温馨。得体的行为举止是一个人素质的体现，更是展现自身魅力与品位的最直接方式。在社交中它更是增进感情、扩大交流及给人留下美好印象的有效手段，一个有礼有度的人才可以在社会中真正立足。

8.尊重是交往的前提

在与人的交往中，你有没有做到尊重呢？有些人以为尊重只对长辈、上司或者某些让自己敬佩的人就可以了，对于平辈的兄弟姐妹、朋友、同事，或比自己地位、辈分低下的人甚至有求于自己的人没有必要尊重。如果你有这样的想法，就犯了一个严重的社交错误。

每个在社会上生存的人都希望得到别人的尊重和关怀，任何一个人都有被尊重的权利。如果你希望能赢得别人的尊重，那么首先要学会尊重别人。苏联著名的教育家苏霍姆林斯基说过："只有尊重别人的人，才有权受人尊敬。"尊重他人是一种修养，更是交往中的制胜法宝。

每个人都有着强烈的自尊心，如果你的自尊心总是被他人毫不留情地践踏的话，那么你自然就会远离这种自负的人。你一定不愿意生活在别人压力的目光之下，你一定不喜欢与恃才傲物的自负者交往，那么，你首先就要懂得"敬人者人恒敬之"的道理，学会尊重他人自然就会赢得他人的尊重。

一天晚上，一个在法国做生意的人因为生意上的事情，需要从巴黎乘坐法兰西航空公司的飞机去德国汉堡。这班飞机他坐过很多次，是一趟直达的班机。但今天当飞机的行程刚过一半的时候，却突然降落在一个不知名的机场。

生意人有些疑惑，连忙问身旁的空姐："小姐，请问发生了什么事情?"

空姐微笑着解释说："我们只是中途停下来加油而已，因为今天我们飞机上的乘客超重了，机长当即决定将飞机的部分燃料卸下，以减轻重量。等行程刚到一半的时候，再到一个小机场二次补充燃料……”

生意人站起来环顾四周，果然发现飞机上坐了几个身材极胖的乘客。作为生意人，他一眼就看出这绝对是一场赔本的生意，因为在一个机场降落所需支付的费用远远不是那几位乘客的机票钱所能解决的。

于是，生意人忍不住问空姐：“小姐，你们这样不是很不划算吗？若是礼貌地把那几位胖人请下去搭乘下一航班，不是更加科学一点儿?”

空姐摇头说：“不！我们不能这么干，因为无论胖瘦，他们持有的机票都是一样的，他们都是我们的顾客，我们不能丢下他们中的任何一个，我们必须保证让每一名顾客都能顺利到达目的地。”

生意人听完后，被深深地触动了，他立即佩服地点点头。

后来，每一次往返于欧洲各地时，生意人总是喜欢挑选法兰西航空公司的航班，因为他喜欢上了那种真正的尊重——抛弃利益而为顾客着想的尊重。

因为这件事，法兰西航空公司赢得了顾客的信任和叹服。真正的尊重是发自内心、一视同仁的敬重与珍视，是抛弃个人利益而坚持以人为本的服务态度和一颗心系他人的责任心凝聚而成的。

我们生存在这个社会上，身份、地位、金钱可能会决定你的生存环境，但这些并不是你建立交际圈的关键所在。一个健康的交际圈是建立在人们互相尊重与信任的基础之上的，如果你想要获得别人的感情、友谊或者敬佩，首先就要净化自己的内心，提高自己的修养。

动物王国和人类发生了冲突，为了维护边境的安宁，动物王国的首领老虎决定派一位和平使者去和人类国王进行谈判。

动物大臣们都知道人类国王骄横狂傲、仗势欺人，它们都担心自己前去会身遭不测，因此没有一个人敢上前领旨。

虎王长叹一声，说道："难道我堂堂动物王国竟然没有一个忠臣吗？我平时是怎么恩待你们的？"

大臣们低下了头，谁都不说话。

这时，一个声音从大殿外面传了过来："大王，我愿意领旨，前去和人类国王进行谈判。"

大家纷纷回头看去，原来是王国的侍卫小花猴。

"你？"虎王摇了摇头，又无可奈何地点了点头。

人类国王坐在大殿上，威风凛凛，他一见小花猴，便嘲笑道："动物王国没有人吗？你们怎么如此贫穷？堂堂的动物王国大臣，连件像样的衣服都没有。"

小花猴心平气和地回答："国王，我们动物王国人丁兴旺，只要每人从身上拔下一根毫毛，天空就像下起了雪花；它们挥挥汗水，就像下起了倾盆大雨，您怎么能说我们动物王国没有人呢？"

人类国王继续笑着说："既然你们有人，为什么不派一个又高又大、衣着光鲜、有羞耻感的人来和我谈判呢？你作为动物王国的大使，不但又瘦又小，竟然还光着小屁股，难道你们动物王国一向这么没有礼貌、没有羞耻感吗？"

"关于这点，国王您就不太清楚了。其实，我们动物王国向各国委派使者是有规矩的。"小花猴不慌不忙地说道。

"什么规矩？"人类国王好奇地问道。

小花猴从容地说道："通常，有才干、有尊严、衣着光鲜的贤才，往往被派去见有尊严、有才干的国君；无能、无貌、没有羞耻感的人只能被派去见无能、无貌、没有羞耻感的国君。而我正是我们动物王国里唯一无能、无貌、没有羞耻感的人，所以虎王就派我来见您了。”

听完小花猴的这番话，人类国王窘迫不已，他再也不敢小瞧这位和平使者了。

尊重别人就是尊重自己。在与人的交往中，不管对方是什么身份，你都应该礼貌地接待他，不要仗势欺人，不要恶语相向，更不要肆意地侮辱、取笑他人。要知道，侮辱他人的人，往往会自取其辱，最后弄得自己下不了台阶。

“尊重”是人与人交往的底线，一个没有“尊重”的交往是不值得延续下去的。很简单的例子，如果一个人口口声声说爱你，但却从来不会站在你的角度思考问题，那么这叫做占有而不是爱；如果你的朋友常常不顾你的感受，以贬低你的方法来抬高自己，那么这叫做利用而不是友谊；如果你的客户以一些超出你承受范围的事情作为签约条件，那么这叫做戏弄而不是真诚……只有建立在尊重之上的事情才值得你尽心去做。

所以，换位思考一下，我们在与别人的交往过程中也应该把尊重放在第一位。首先，注意对人的说话方式，不要以命令、蔑视、嘲笑或施舍的语气去说，更不要不分场合地乱开玩笑；其次，不要打听别人的隐私，每个人的心底都有秘密，它藏在一个暗室中不想让人触及。所以，不要为了满足自己的好奇心而不停追问或者四处打听别人的隐私，也不要把别人的隐私、弱点当成武器去攻击别人，那样胜之不武。最后，放低自己的姿态，给别人以信任，“曲高和寡”的确是一种境界，但是在这个多变的社会中，“平易近人”才是最吸引人的魅力。

第五章 家庭要讲温度：爱是一种承担，爱是一种温暖

人最重要的不只是事业，还有家庭。家是充满着爱和温馨的避风港，是每个人心的归属。家是用爱筑成的，家庭关系也是人际关系中一个重要的组成部分。“家和万事兴”，建立并经营好自己的家庭，是一个成功者的幸福标志。

1.两情相悦，彼此适合才是最美

人们在选择自己另一半的问题上，一直在“爱我”还是“我爱”的问题上苦恼。但是，这两种爱都是不幸福的，无论是男人还是女人，彼此相爱才是幸福。只有两个彼此相爱的人才能相互体贴、相扶相守，共同经历生活带来的风雨，共同品尝生活给予的甜蜜。

漂亮、妩媚、可爱的女人会很讨人喜欢，但她们不一定适合做爱人；高大、绅士、帅气的男人的确很迷人，但他们不一定是你的那个他。爱不是单方面的事，如果爱你的人你不爱他，即使你们勉强在一起也不会顺心，你会处处挑他的毛病，并且只会单方面享受他付出的爱而自己却一点儿也不肯为对方付出，那么，这样的你就是自私且悲哀的；如果你爱的人却不爱你，即使你付出再多，他也不会为你所动，就算他接受了你的爱，但这种爱情也是脆弱的。

无论是刚刚进入社会的人，还是已经在社会上立足的人，找到一个适合自己的伴侣十分重要，因为这样的人才会与你一起共度一生、相扶到老。不过，现在很多人并不懂得这一点，也没有珍惜，在很多外在因素的干扰下，他们把感情与适合这两个重要的因素丢在了一旁，这就导致了有些人因为一时的冲动而“闪婚”；有些人因为对方年轻、漂亮而盲目选择；有些人因为房子、车子而迅速嫁入豪门……

权、钱、外貌等都是一些外在因素，对方的人品以及你们的感情才是最重要的，放眼看看你的身边，多少“闪婚”的夫妇面临着“闪离”的困扰？

多少个因为年龄差距大的家庭危机重重？多少嫁入豪门的人能幸福长久？爱情不是买卖，婚姻更不是交易，找一个适合自己并能与自己同甘共苦、心灵相通的人，你们的生活才会更和谐更幸福。

安妮和金晓军是在一次工作聚会上认识的，那时候他们都刚刚进入职场，还满是迷茫。在聚会上，他们带着酒意，谈得很开心，聚会结束后，两人也断断续续地联系着。

但是，一个月后，一个惊人的消息让所有认识他们的人目瞪口呆了——金晓军和安妮决定结婚了。很多人对此都表示怀疑，安妮的好朋友李梅劝她说："你们怎么这么迅速啊？你们两个的性格根本不合适，你和他认识才一个月，你了解他吗？"

面对朋友的质问，安妮不屑一顾地说："不了解，但我们很聊得来，我感觉我们在一起非常幸福、非常快乐，他能让我笑，这就足够了。"

就这样，婚礼如期举行了。但是，两人新婚的第一天就吵架了，俗话说，夫妻床头吵架床尾和，他们的生活就是这样吵吵闹闹地过着，总的说来还算幸福。

但令人想不到的是，一个月后的一天，安妮拿着大包小包来到了李梅家，她说："你收留我吧，我们离婚了……"

这话让李梅很吃惊，两人不是很幸福的吗？安妮看着李梅惊讶的表情，若无其事地说："我和他从结婚吵到现在，累了，吵不动了，就离呗！"

安妮和金晓军的婚姻就这样闪电般地开始，又闪电般地结束了。

瞬间的吸引有时候会让人误认为是爱情，其实，那只是一种感觉、一种年轻人常有的冲动而已，这种瞬间的吸引力不足以成为步入婚姻殿堂的条件。当两人真正生活在一起了，彼此了解才会发现很多不适应之处，这就是“闪婚闪离”的真正原因。

那么爱情究竟是什么？一种心动的幸福、一种长长久久的相守、一种坦诚的责任或者是一种无悔的感动，……总之，爱情是无法用语言去解释的，它带着点儿盲目，又带着点儿冲动的感觉。在这个世界上，有些人与你擦肩而过，有些人与你有几面之缘，有些人与你有缘无分，只有一个人，他与你共同走过，从相识、相知到相守。而这个人也许现在已经出现在你的生命中，也许他还在寻找你的道路上，也许你已经感觉找对了那个人，但他却不是你的 Mr.Right。

女孩失恋了，她深爱着那个男孩，也相信那个男孩对自己的感情是真的，但那个男孩却变了心，离开了她。

她走遍了两人之前约会的所有地方，最后来到了他们最喜欢的咖啡厅，坐在那里她伤心地哭了起来。她越哭越凶，很多人看她伤心的样子，都耐心地劝她。可是别人越是劝她，她越是觉得自己委屈。

之后的日子，她常常因为委屈而大哭，渐渐地，女孩逐渐由伤心变成了不甘心，又由不甘心变成了怨恨。她不甘心自己的爱为什么不能换来同样的回报，她怨恨他对自己太狠心、太无情。

爸爸了解了女儿痛哭的原因后，并没有安慰她，而是笑道：“我的女儿，你不过是损失了一个不爱你的人，而他损失的却是一个爱他的人。他的损失比你大，你为什么还要因为失去这样一个不爱你的人而感到难过呢？不甘心的人应该是他呀。再说他已经不爱你了，你还有必要为他伤心流泪吗？你再这样哭下去，他也不会回来，你难道要以痛哭的方式度过你的一生吗？”

女孩听了这话，忽然一愣，转而恍然大悟。她慢慢擦干眼泪，决心重新振作起来投入到新的生活中。

当爱情离我们远去的时候，我们尽力挽留；当我们无法挽留的时候，忘记便是最好的处理方式，因为任何好的或不好的回忆对于已经失恋的我们来说都是一种心灵的刺痛。我们只有学会忘记，才能真正得到解脱。两情相悦的爱情才是最完美、最幸福的，只有这样的爱情才是真正的爱情。

席慕蓉说："在年轻的时候，如果你爱上了一个人，请你一定要温柔地对待他。不管你们相爱的时间有多长或多短，如果你能始终温柔地相待，那么在任何时候都会是一种无瑕的美丽。"所以，如果当爱已经逝去，就让它成为历史，因为那份逝去的爱并不适合你。这时，你应该做的是打起精神，找到属于自己的真正爱情，找一个你爱的、同时更深爱你的人走入婚姻的殿堂。

婚姻是什么？是夫妻二人同甘苦、共患难的结盟；是夫妻二人相互照顾、相互关爱的约定；是夫妻二人互相包容、互相理解的共同体。婚姻需要两个人共同撑起来，这样才能一起体味其中的快乐。爱情的终极形式就是婚姻，婚姻的幸福就是找对那个最适合自己的人。彼此的爱是渐渐产生的，是建立在彼此了解的基础之上的，他们知道对方就是最适合自己的那个人，最后决定走入婚姻的殿堂。

这样的生活虽然平淡，但是它没有任何的杂质，出现问题后，两个人也会互相包容，而且都为彼此付出着，这才是"执子之手，与子偕老"的真正含义。让逝去的爱随风而去，体味眼前这平淡而真挚的感情吧！其实，与真正适合自己的人在一起虽然平淡，但有滋有味。当你失意的时候，他会陪在你的身边共同承担；当你得意的时候，他亦会在你的身后默默微笑。虽然没有轰轰烈烈的激情，但却有温暖体贴的家的感觉。

2.相互付出会让爱情更甜蜜

两个人从相识、相知到走入婚姻的殿堂是需要经历一个过程的，这个过程需要相互磨合、相互体谅，更需要对彼此的付出。某些人一直认为爱情就是占有，他们总希望从对方那里得到爱，被对方宠着、惯着，他们认为那就是真正的爱。但是，在你为了满足自己被爱的感觉而向对方无度地索取时，你有没有想过为爱付出呢？

一个只会享受爱而从不为爱付出的人是悲哀的，因为他不会体会到真正的幸福。爱情是一种相扶相持的感觉，只有为爱付出、相互享受对方的爱，这种感情才会长久，这才是真正的幸福。

一位少女跪在花园里，一边哭一边虔诚地向上帝祷告，乞求上帝能降临在她面前。少女的虔诚打动了上帝，上帝终于出现了。

“孩子，你找我有什么事吗？”上帝慈祥地问少女。

看到上帝的降临，少女赶紧擦了擦眼泪，委屈地对上帝说：“哦，仁慈的上帝，请您帮帮我。我爱他，可是，我马上就要失去他了。”

“虽然我是上帝，但我也被你说糊涂了。孩子，到底是怎么回事？请慢慢从头说吧。”

“他很爱我，每天早晨，他都会将一束玫瑰摆在我的门口；每天晚上，他都要来到我的窗前为我献上一首令我心动的情歌。”

“这不是很好吗？”上帝说。

“可是最近一个月，他再也没来过我家，再没为我送过一束鲜花，再没为我唱过一首歌。”

“那么，你究竟爱不爱他？你对他的爱有回应吗？”

“虽然我在心里深深地爱着他，但我从来没有表露过我对他的爱，我一直以冰冷的态度掩饰着内心的热情，我也不知道自己为什么会这样做，可能是我怕回应了他之后，就再也得不到这种被爱的感觉了吧。”少女说。

上帝听完少女的诉说后，把她带到了一间小屋里，并从小屋的柜子里拿出一盏灯，添了一点儿油，并点燃了它。

“请问，您点油灯干什么？”少女不解地问上帝。

“嘘，别说话，让我们看着它燃烧吧。一会儿你就明白了。”上帝示意少女先安静下来。

油灯嘶嘶地燃烧着，灯上的火苗欢快而明亮，一下就把整个小屋照得亮堂堂的。然而，慢慢地，灯芯上的火焰越来越小了，光亮也越来越暗了。“哦，该添油了。”少女提示上帝。

可是上帝仍示意少女不要动，任凭灯芯把灯油烧干。最后，灯油终于烧干了，忽然，屋子一下子变得更亮了，然而在灯芯烧尽之后，火焰终于熄灭了，屋子里暗了下来，只留下一缕青烟在小屋中缭绕。

少女迷惑地看着上帝。

“孩子，爱情也像这油灯，当灯芯烧焦之后，火焰自然就会熄灭了。要想让爱情之火一直燃烧下去，你就不能只知道索取油灯的光亮，要及时给灯添油啊！”上帝说。

爱是相互给予，而不是一味地索取。爱情就像油灯一样，如果你不及时添油，火焰终会熄灭，那个男孩就算再爱那个女孩，他的爱情油灯之内的油又能维持多久呢？少女只会享受那份爱，而没有作出回应，男孩也只能识趣地知难而退了；如果少女能回应，告诉男孩子她已经接受了这份爱，男孩子爱情的油灯就会加满油，才会有更多的动力。爱情是两个人的事，不能只懂得向对方索取而不去付出，为所爱的人付出，那才是真正的爱情。

由于人们的一种“习以为常心”在作祟，恋爱阶段，双方都很用心，想对方之所想，但婚后却习惯了对方，习以为常地认为“爱就在那里，不增不减”，所以婚姻变得平淡了，再也找不回恋爱时的感觉。其实，认真思考一下，两种感觉最本质的区别在哪里呢？对，就是付出！恋爱阶段因为爱，所以两人都会为对方付出，感觉那是一种幸福；但结婚后却懒得付出，甚至只是一味地想得到爱，所以婚姻才会出现危机。婚姻、家庭是需要双方耐心经营的，婚姻不是爱情的坟墓，而是爱情的升华，是两个人走向幸福的开端。

李杰毕业后就开始了创业，短短几年的时间，他就把公司经营得有声有色，仅仅 28 岁就拥有了百万资产。人人都说他的妻子性格固执，但是，他们的小日子却过得很美满。

这是因为妻子会做出许多看似不起眼的“小牺牲”赢得了李杰的心，李杰也在忙于事业的同时对妻子变得体贴、温柔。

当李杰心情不好的时候，妻子就让他独自去思考，而不会以抱怨或唠叨话来激怒他；李杰喜欢交际，但妻子却很爱安静，于是，李杰便放弃了许多社交聚会的机会留在家中，而妻子也学着与李杰一起出门应酬；李杰喜欢篮球，所以经常与同事、朋友打篮球赛，妻子常常会陪在旁边给他擦汗、递水……

有一年情人节，李杰精心挑选了一件礼物给妻子，特意对妻子表示自己的真挚爱心。妻子非常开心，她从来没想过平日沉默理性的丈夫会有这么

“浪漫”的行为。

妻子灿烂的笑容让李杰心中充满了温情和感动。从那以后，送礼物给太太成了他最大的乐趣之一。

爱情就是相互付出，然后共同享受幸福的感觉，它不像买卖投资，付出越多，收获越多。当你送一支玫瑰给妻子时，看着她满脸的微笑，那就是幸福；当你为了老公开始学做菜，看着老公吃得很香的样子，那就是幸福；当你在雪地里等女朋友下班，手脚都冻僵了，看到女朋友的刹那间所迸发出的微笑，那同样是幸福；……那是因为，爱是给予，虽然付出了，但看着心爱的人去享受这份爱，也是一种幸福。

在爱的世界中，最幸福的不是享受那份爱，而是付出后的满足。

3.推卸责任，就是在将幸福推远

在隆重的婚礼上，相爱的人都会宣读誓言，虽然内容不尽相同，但是意思是相同的：“无论贫穷富贵、健康还是疾病，都会不离不弃，相扶到老。”婚礼开启了婚姻的大门，让爱走向了极致，而这个誓言就是为婚姻许下的诺言、立下的保证。一句“不离不弃”引出了婚姻最大的要求——责任。

如果你爱他（她），就应该有一颗责任心。家庭之所以会幸福，就是因为各尽其责，如果每个人都想把自己的责任推给别人，那么幸福也就渐渐消失了。无论是恋爱还是婚姻，责任都扮演着很重要的角色，推卸责任的人只会将幸福推远。

赵爽通过相亲与李秀峰认识，但是，在两人刚联系一周后，赵爽就提出了分手。

赵爽是一个大方爽朗的女孩子，而从小生长在单亲家庭中的李秀峰则是一个事事小心谨慎的人。他认识赵爽后觉得很满意，给赵爽发信息表达了自己的感情，赵爽也很痛快地接受了他。但是，这一周中，李秀峰从来没有主动给赵爽打过一次电话。对此，赵爽还以为李秀峰怕影响自己的工作，于是提醒他说："有事你就给我打电话，我工作中也可以接电话的。"

李秀峰笑着说："哦，我知道。"

赵爽对李秀峰的回答很意外，问："那你怎么不给我打电话呢？我发信息手指头都疼了。"

"我打电话容易说错话，要是惹到你分手了，我不得负责任吗？"

赵爽这次不仅意外，而且很不解。

"那天我们见面时，我姨也去了，她对你也很满意，让我好好对你。我多大压力呀，万一你不高兴跟我分手，我怎么跟我姨交代啊。"李秀峰补充着，他接着说，"你要分手也别把责任推我身上哦！"

"我们刚刚认识，谈了没两天，你怎么就一口一个分手呢？"

"我就是提前告诉你，没别的意思。"

赵爽放下电话后心里觉得很不对劲儿，于是以脾气不太相投为理由拒绝了李秀峰，而且也跟介绍人说了结果。

没过一个小时，李秀峰打来了电话，一接通，他像疯了似的责怪赵爽："我不是说了，分手也别说是我的责任，你为什么把责任推我身上呢？你要分就分吧，我姨今天把我骂了一顿，都是你的事儿，你怎么这样？你快给我姨打电话，说是你自己要分的，跟我没关系。"

赵爽笑了笑，挂了电话。

“这事跟我没关系”、“那可不能怪我”……李秀峰在认识赵爽之初就一直小心翼翼地与她相处，原因竟然是怕担责任，甚至还让赵爽打电话帮自己推卸责任，赵爽只能以苦笑对之。这样一个连相处都怕承担责任的人，怎么可能承担起家庭的责任呢？如果真的遇到困难时，他一定不会去积极想办法解决困难，而只会一味地寻找责任到底应该归谁。

“相濡以沫”是日常生活中经常见到的词语，它所代表的正是爱人之间最珍贵的相处状态，两个人共同承担起家庭的责任、共同对抗困境，只有这样才能共同享受幸福。男人作为家庭的主要支撑，应该主动承担起保护妻子儿女的责任；女人作为家庭的维护者，应该主动承担起相夫教子、维护家庭幸福的责任。责任在肩，虽然沉重，但是幸福；把该负的责任推卸给别人，遇到困境时只想着逃跑，那么幸福也会随之离去。

思淼和林林相恋六年，最终步入婚姻殿堂。结婚后，他们的生活并不那么光鲜，但二人十分幸福。思淼不管每天工作多辛苦，回到家里总是准备好热腾腾的饭菜，笑脸相迎下班归来的爱人共进晚餐。林林则是主动承担起了家中的家务，餐后的洗洗涮涮自然是全包了，周末也会帮助思淼打扫房间，再做上几道可口的饭菜，还会亲昵的对思淼说：“亲爱的，辛苦了，这是对你的奖励。”还会温柔的亲吻一下思淼的额头。二人的生活虽不算富裕，但也温馨幸福。很多朋友都特别羡慕他们如水的快乐，从未听过思淼抱怨家庭生活中的琐事。

不管生活之路是顺意，还是坎坷，两个人相爱就要共同付出，共同承担。夫妻本就应相互依靠，风雨同舟，而不是“男人天生就要做什么”“女人天生就要做什么”。爱是共同付出，相爱就不应推卸责任。只有共同承担生活中的苦难，不管前方荆棘密布还是电闪雷鸣，生活之舟就永不偏离幸福的航道。

家庭本身就是夫妻之间相互扶助的一种契约，在经济、生活、情感上互相帮助，才能使彼此的生活更加精彩。

4.无论走多远，也别忘了手足同胞

俗话说：“打虎亲兄弟，上阵父子兵。”兄弟姐妹之间的感情是其他任何关系都不可取代的亲情，人生之路很漫长，这种亲情关系绝对不要因为任何变化而发生改变。我们的童年生活因为有了兄弟姐妹的陪伴而变得丰富多彩，还记得我们小时候一起在小河边抓鱼吗？还记得在院子里一起跳皮筋吗？还记得那个被抢来抢去的玩具还有那盘被让来让去的花生吗？……这一切的一切，仿佛就在昨天，但很多人却忘记了。

兄弟姐妹间的感情是真诚而又强烈的，拥有兄弟姐妹是非常幸福的，他们为我们的生活增添了不少的快乐与感动。小时候，兄弟姐妹之间可以吵得很凶，打得很厉害，但只要其中一个受到了外人的欺负，那么其他兄弟姐妹一定会一起上。当我们长大后，如果需要任何帮助，兄弟姐妹会不图任何回报地伸出援助之手，甚至不惜自己的生命，因为我们是一家人，身上流着同样的血液。

王楠出生于一个大家庭中，父母经营着自己的公司，平日没有时间照顾两个弟弟，所以身为老大的他，很小就担起了照顾两个弟弟的责任。

当王楠 22 岁时，父亲意外身亡，偌大的公司就不得不由王楠来管理。其实，王楠的兴趣在于艺术，但是为了照顾母亲和两个弟弟，他放弃了自己的梦想，毫无怨言地担起了照顾家人的责任。

两个弟弟长大成人后，家族企业就由王楠和他们共同管理，在他们的经营下，公司发展得很顺利。但是有一天，三弟找到他说："大哥，我想自己创业。"王楠对此并没有阻拦，并为其拿了一部分资金。

商场如战场，商场的风险怎么是一个初出茅庐的年轻人能应付得了的呢？没过多久，三弟由于缺乏经验，经营上出现很多纰漏，再加上他从小在生活上就大手大脚，疏于理财，公司经营不到半年就债务累累。三弟在面对这些压力和挫折时显得心有余而力不足，在这些压力下，三弟变得越来越颓废，最后还因为债务问题，躲到了外地。

王楠知道了这件事情，深知三弟是因为怕丢人才不想找自己帮忙，于是，他通过自己的关系帮助三弟东山再起，并写了封信给三弟："三弟，你的公司我来帮你打理，希望你早日回家，不管怎样，家的大门永远为你敞开，哥哥永远是你的哥哥，咱们一起承担。"

三弟接到信后，泪流满面，他自己留下的残局又怎么能让哥哥一个人承担呢！于是，他向朋友借了几百块钱，匆匆赶到了家中。

回到家一看，哥哥不但已经帮他还清了债，还帮着自己打理着公司，当街坊邻居遇到他时，总会情不自禁地竖起大拇指说："你哥哥真是个不错的人！"

三弟的公司在王楠的帮助下终于迎来了新的转机，然而，这一切却让三弟开始感觉到，患难见真情，哥哥才是人生路上帮助自己最多的人。

从那以后，三弟再也不会冲动行事，而是奋发图强、脚踏实地地工作，并且不断学习生意经。几年后，他就成为了当地小有名气的企业家。当记者问起他这辈子最感激的人是谁时，他动情且坚定地说："我最感激我的哥哥！如果不是他，也许我早就成为了一个废人！也不会有今天的成就。这辈子我欠了大哥很多，我想我一辈子都还不完，他永远是我学习的榜样！"

如今，有的人漠视兄弟姐妹之情，升职或者发财后就忘记了曾经为了供自己读大学而辍学的兄弟姐妹；为了自己的小生活而忽视兄弟姐妹之间的交流；甚至为了争家产而打得头破血流……如果你有兄弟姐妹的话，请你一定要懂得珍惜，无论你的地位有多高、成就有多大，永远都不要忘记与自己一奶同胞的兄弟姐妹。

当你们兄弟反目时，是否还能想起你们曾经一起生活、一起成长的日子？当你瞧不起兄弟姐妹时，是否还记得在逆境时是谁陪在你的身边与你并肩作战？正所谓"兄弟同心，其利断金"，兄弟之间和睦相处，就能够使生活变得美好；兄弟间团结一心，就能克服所有的困难。

传说南朝时，京兆尹田真与兄弟田庆、田广3人分家，当别的财产都已分置妥当时，最后才发现院子里还有一株枝叶扶疏、花团锦簇的紫荆花树不好处理。

当晚，兄弟3人商量将这株紫荆花树截为3段，每人分一段。第二天清早，兄弟3人前去砍树时，发现这株紫荆花树枝的叶子已全部枯萎，花朵也全部凋落。

田真见此状不禁对两个兄弟感叹道："人不如木也。"

后来，兄弟3人又把家合了起来，并且和睦相处。那株紫荆花树好像颇通人性，也随之又恢复了生机，且生长得枝繁叶茂。

“兄弟睦，孝在中。”兄弟姐妹若能和睦相处，不让父母操心，这个家就会幸福、平安、和顺。有兄弟姐妹的人是幸福的，当有一天父母离我们而去时，至少在这个世界上还有真正关心、关注、关爱我们的人。但是，现在很多人漠视兄弟姐妹之间的亲情，除了过年过节在父母家相遇之外，平时几乎不走动；还有些人，即使兄弟姐妹生病了，也会以“我现在很忙”为理由不去探病。

有的人连对父母、兄弟最基本的感情也变得淡然，只会把自己的利益放在第一位。不要当父母离你而去时才想起行孝；不要当兄弟离别时才想到珍惜。无论你的路是顺利还是坎坷，无论你走了多远，请记住，永远不要忘了兄弟姐妹，因为他们是你最坚实的后盾。

5.感恩父母，他们是你情感的寄托

当我们呱呱坠地时，就成为了父母甜蜜的负担：我们高兴，父母舒心；我们伤心，父母担心；我们跌倒，父母痛心；我们病痛，父母忧心；我们外出，父母牵心……父母总是最疼爱我们的人。

有人说：“人最大的幸福，就是回家后能高声地喊一声妈妈！”我们常常会反感父母的唠叨，但当我们在外面遇到挫折、坎坷的时候，最想回到父母的身边。如果说这个世界上有人会没有任何附加条件地爱我们的话，那一定是父母，他们的爱是炙热而内敛的。

很多人在失意时回到父母身边疗伤，可得意时却忘记了家中还有望眼欲穿等我们回来的父母。每个人小时候都对自己的爸爸妈妈说过："我将来长大了一定好好孝敬你们。"但是这句话在很多人的身上并没有实现，其实感恩、孝顺父母并不是每个月寄回多少钱，而是把你自己"寄"回父母身边。

李敏大学毕业后留在了大城市中，她想要干出一番大事业来回报父母，让父母过上好日子。父母虽然很希望女儿守在身边，但是也很尊重女儿的选择。

在工作中，她尽心尽力，由助理成为了一名律师，她挣的钱也越来越多了，每个月都往家寄一大部分钱。她不想让父亲再去工地干重体力活，也不想让母亲再精打细算地花钱。3年后，她已经成为一名出色的律师，并且每天在法庭和律师所之间忙碌着，虽然她给家里寄的钱越来越多，但是却很少有时间给家里打一个电话。

有时母亲打来电话，她也只是匆匆地聊两句就挂掉了。一天，父亲打来电话，先询问了李敏的工作情况，接着便镇定地说："小敏，如果有时间的话，就回来看看你妈吧，她……她不太好。"

这句话像晴天霹雳般砸在李敏的头上，她急急忙忙地订了车票，向事务所交代完工作后便慌忙地踏上了回乡的路。当回到家里时，她看到门口挂着白色的对联，亲人都穿着孝衣、系着孝带坐在门口的长凳上，李敏的心一下子凉了。这时父亲迎了出来，他拉着李敏的手说："来，小敏，最后再送你妈妈一程吧！"

李敏大喊一声，长时间积压在心里的痛全都哭了出来，她跪在母亲的灵床前哭喊着："妈妈，您怎么不等我呀！"然后，她瞪着在一旁跪着的哥哥嫂子说，“你们怎么不通知我？我走的时候妈妈还好好的，为什么会这样！你们告诉我！告诉我！我要我的妈妈！”

父亲扶起情绪几乎失控的李敏，把她拉到里屋说：“孩子，你妈妈病了有一个多月了，她一直说你忙，不让通知你。就是最后走的时候还说，如果你的工作太忙，就别回来了。”

听到这里，李敏痛哭起来，她一心想着让父母过上好日子，却没有想过父母要的不是钱，而是孩子们能陪在自己的身边。

俗话说：“树欲静而风不止，子欲养而亲不待。”小时候，我们跟父母顶嘴；在外面玩疯了也不回家；跟别人打架了让他们来收拾残局。而现在，他们的头上出现了丝丝白发，我们却从来没有注意过。父母给了我们一个温暖的家，我们像小雏鸡一样被他们护在翅膀下，他们永远是我们坚实的后盾。但是，当我们自己建立了小家之后却把他们冷落了，“羔羊跪乳，乌鸦反哺”，动物尚有孝心，更何况是人呢?

父母一天天变老了，儿女不在身边对他们来讲是一种煎熬，不要让他们的背影显得孤独无助。“带上笑容，带上祝愿，领着孩子常回家看看”，这是对父母最好的感恩，不要让他们无奈地说：“孩子大了，翅膀硬了，就该飞走了。”

父母给了我们生命，为我们创造了最好的成长环境，不要等到伤心了才想起回家，也不要等到父母不在了而追悔莫及。无论我们的工作多忙，也不要忘记回家看看父母，请珍惜那份浓浓的父爱、母爱，还有那一声声唠叨。

杨晓倩的母亲是一位中学教师，在杨晓倩的眼中，母亲是那么温柔且富有内涵。母亲的身上总有她取之不尽的资源，她总是把母亲比喻成最温柔的花朵，柔情中蕴含着独有的倔强和芬芳。而她自己就是在母亲的疼惜和指导下，拥有了一个快乐又充实的童年。

一转眼，杨晓倩长大了，并继承了母亲身上的倔强。在大学里，杨晓倩不断地汲取对自己以后发展有利的东西。但是渐渐地，她开始自命不凡起来。

大学毕业后，杨晓倩面临了人生中的一次选择：是继续自己的学业？还是面对工作？她真的不知何去何从，于是她决定和母亲商量，谁料母亲对杨晓倩提出的两个选择都没有肯定，而是让她通过关系进入政府部门工作，那样不仅有保障，还比较轻松。

听了母亲的话，杨晓倩非常生气，并大声呵斥道："妈，你的思想怎么这样落后啊？现在的社会制度越来越透明化了，靠关系能维持几年啊？再说，我可不想被人看不起，难道你想让你的女儿以后什么也不是吗？还是打算随便找个人把我嫁掉……"

虽然杨晓倩的母亲承认女儿的话有道理，但是，女儿对自己的态度却让她不能接受，她一气之下动手打了杨晓倩。而杨晓倩并没有意识到自己的不对，还和母亲大吵一架，最后扬长而去。

从那以后，杨晓倩对母亲打自己这件事一直耿耿于怀，见了母亲就像没有看见一样。母亲为此感到非常伤心，简直是心如刀绞，而杨晓倩却无从感知。当杨晓倩的亲朋好友知道此事后，也渐渐地疏远她，她们认为：对自己父母都那样无情无义的人实在是很可怕？要知道父母的心永远在儿女身上。

怎么能对自己的父母如此刻薄呢？每个人都有老的时候，每个人都会为人父母。"养儿方知父母恩"，试想一下，当你的孩子这样对你时，你的感受如何呢？杨晓倩这样做不仅伤了母亲的心，更破坏了她在朋友心中的形象，一个连父母都不爱的人，怎么可能有真爱？

其实，老年人的要求很容易得到满足，陪着他们聊聊天，让他们听到子女的声音、看到子女的身影，他们就会觉得是一份欣慰，就会觉得满足。一家人平安、健康、团圆就是他们最大的心愿。

记住这句话：当全世界都抛弃你时，只有父母会把你捧在手心里。所以，无论我们走到哪里，一定不要忘记常回家看看。

6.别把情绪带回家，家人伤不起

家是你永远的避风港。在这里，你可以摘掉面具、卸下“盔甲”，恢复到最原始的自己。家可以包容你的痛苦、委屈；家是一个让你疗伤、休养的地方，这里温馨、宁静。在家里，你可以安心地吃饭、甜美地睡觉。但是，你想过吗？当你带着一些坏情绪回到家时，虽然家可以帮你疗伤，但你却破坏了家原本的温馨与宁静。

有些人在单位、公司遇到了不顺，回家后便对家人大发脾气，妻子的一个小小失误，他们也会放大来看，以此来宣泄自己的情绪。结果，虽然自己的情绪得到了释放，却伤了另一个人的心，而且还让家的气氛变得紧张起来，这真是得不偿失呀！

夫妻感情并不是铜墙铁壁，也并非刀枪不入，如果任由自己发泄，那么暴躁、低落等情绪势必会影响对方的心情，破坏夫妻之间的感情，而你自己也不可能从中得到释放，反而会更加烦恼。

张雯在外企就职，她最近的工作很不顺利，可以说是麻烦连连。前几天在与客户谈判时，由于助手准备的信息资料不详细，被竞争对手占了上风，结果受到了主管的严厉批评，为此，她满腹的委屈与气愤。

晚上回到家，张雯怎么也开心不起来，看着什么都觉得烦，看谁都不顺眼，一会儿抱怨丈夫的菜炒得太咸了，一会儿又指责女儿写字的姿势不正确。说着说着，他们的火气都被点着了，开始横眉竖眼地大吵起来，结果弄得全家人都很不高兴。

工作上受到批评的张雯把不良情绪带回到家中，当一个人的心情不好时，就会变得敏感、挑剔，所以她才会看谁都不顺眼，结果惹得一家人都不高兴。其实，工作中遇到困难和挫折是很正常的事儿，你把这些情绪带回家中，一次、两次，家人会包容，但每次都这样的话，家庭矛盾也就会随之产生了。

所以，我们一定要学会调节不良情绪，在回家之前，先把这些情绪清理掉，这是对家庭负责任的体现。如果非要带着情绪回家的话，那就带着快乐回家吧。一个人的心境是会写在脸上的，当你的心情愉快时，和家人待在一起，他们会从你脸上的表情、走路的姿势读出你的心境，如果你对家人微笑了，那么全家人都会感受到你的喜悦。

斯坦因·哈特是一名股票经纪人，也是一个非常难相处的人，他不仅很少和妻子交流，甚至很少向妻子微笑。他与妻子结婚20年了，但是，从清晨起床到上班之前的这段时间中，他从来没有对妻子笑过。而且两个人所说的话，一天也不会超过10句。

所以，妻子对他是不冷不热的，而且也不愿意与他交流。为此，哈特的朋友建议他进行一星期的微笑运动试试看。第二天早上，哈特在镜前对着镜中那张严肃的脸孔说道：“斯坦因·哈特，不要一直绷着苦瓜脸，努力笑一下！你看，笑起来，这样不是很好吗？”

吃早餐时，哈特微笑着与妻子打招呼说：“早安！玛丽。”

玛丽简直不敢相信自己的耳朵和眼睛，她的反应比哈特想象中的还要强烈，等她恢复平静后，哈特说：“亲爱的，从今以后，我要永远如此。”

从此，哈特对妻子改变了态度，并且不再吝惜自己笑容。两个月后，哈特的家庭有了显著的改变，与以前的沉闷相比，取而代之的是欢声笑语，哈特也体验到了以前从未感受到的幸福。

朋友到哈特家做客时，刚跨进门就可以看到墙上的两行字：“进门时，请把烦恼关在门外，把快乐带回家！”

快乐与痛苦往往在瞬间的转换中就会呈现出截然不同的世界，每一个人都渴望被爱，渴望看见家人快乐的笑脸，那么，首先你要做的就是要处理自己的坏情绪，然后把快乐带回家。当你因为工作出现了不良情绪后，可以找朋友去聊一聊或听一听音乐，也可以去健身房、公园等做一些运动。总之，在回家之前先把自己的不良情绪处理干净，然后再回到家中。

不把情绪带回家，不是说让我们在受伤后自己“舔舐”伤口，而是说不要把不良情绪发泄到家人身上。你可以与家人一起谈一谈，把自己在工作上的问题说出来，与家人一起分担。总之，无论你对工作有多少情绪，感到自己有多么委屈，请记住，家人永远是你最坚固的依靠。

因此，不要再把不良情绪发泄到亲人身上，他们的笑脸是你的强心针，他们的包容是你的镇静剂，带着快乐回家，把不良情绪丢在下班路上。

7.稳固的经济基础是幸福生活的基本保障

一个家庭中最敏感的问题就是经济问题，当今社会，结婚之前，房子、车子、票子缺一不可，结婚之后就开始了经济大权由谁来掌握的“战争”，家庭的“情绪”往往会受钱的影响。当遇到经济危机时，家庭便会摇摇欲坠起来，所以，为了家庭的幸福，一定要把经济危机“扼杀”在萌芽状态，不要让经济危机毁掉了原本幸福的家庭。

俗话说:“吃不穷，穿不穷，算计不到就受穷。”幸福的婚姻生活也是需要算计的，有些人可能认为夫妻之间谈钱会显得势利、吝啬，感情会受到影响。但是，如果两人衣不蔽体、食不果腹，甚至居无定所，哪里还有时间谈幸福呢?

在我们的现实生活中，两个人建立家庭后就会与钱建立密切的联系。房子要交贷款、孩子要交学费、双方长辈要付赡养费，再加上亲戚与各路朋友的份子钱等等。这些事没有钱根本办不，你的工资可能刚领到手，就已经送到了别人手里。等两人捉襟见肘之后，哪里还有工夫谈什么爱情、浪漫，随之而来的都是“麻烦”。所以要想家庭幸福，首先要统一夫妻二人对金钱和财富的认识，其次就要学会理财。

夫妻二人应该有着共同的价值观与理财观念，否则感情危机是肯定要出现的，小则争吵、冲突，大则面临家庭解散的危险。

黄静恩与丈夫的理财观念完全不一致，两个人常常会因为一些理财问题发生不愉快，渐渐发展为争执，最后以离婚收场。

黄静恩有记账的习惯，每天晚上临睡前都会把今天的开销和收入记下来，这样每个月花销多少、收入多少就一目了然。到了月底一总结，哪些钱该花、哪些钱该省，以后就可以引以为鉴。可是丈夫却很不以为然，也不配合黄静恩的工作，觉得这样做没有意义，要想发达，注意力应该集中在做大事上面。

黄静恩的丈夫是个性子爽快、敢想敢干的男人，他从来不会在钱上计较，花钱也大手大脚。最近他打算辞去国有单位的工作，买个商铺自己做生意，但性格保守的黄静恩却不同意，怕赔钱，所以她一直紧紧控制着手中的钱财，甚至不让丈夫支付一些合理的开支。但丈夫却不顾黄静恩的反对，借钱买了商铺，自己做起了老板。虽然生意不错，黄静恩后期又给予了丈夫一定的资金，但夫妻隔阂自此产生。

家中有足够的余钱后，丈夫开始热衷于进行股票、国债等投资，而黄静恩却坚持其保守的观念，认为投资股票风险难料，还是稳重的理财观念更适合自己家的实际情况，便死活也不同意丈夫的做法，结果错过了几次重大的投资机遇。

因为理财观念不同，夫妻两人没少拌嘴，只要一提到钱，保准不开心。丈夫用“前怕狼后怕虎”来形容黄静恩的性格，不仅不支持自己的事业，而且还总“拖后腿”，故以双方有太多分歧为由，诉至法院请求离婚。

要经营好自己的婚姻，夫妻二人对待金钱和财富的认识一定要统一，当理财态度不一致时，不论理财计划是否合理都是难以实施的。试想一下，如果一方积极进行，另一方极力阻止，那么两人当然会争吵不休，感情自然会出现隔阂，甚至闹离婚。两人的本意都是为了家庭幸福而挣钱，结果却因为钱毁了家庭，这不是本末倒置了吗？

在理财方面，夫妻二人必须团结起来，如果两人很难达成一致，不如分开理财，两人各自掌管擅长的领域，互不干涉，这样自然会相安无事。一般婚姻中，女人的心思细腻，喜欢安稳，男人则喜欢挑战，更具开拓性。夫妻搭配一起理财的方式才会让家庭更富有，生活更幸福。

孙佳仁与老公都在银行上班，可以说是理财的专业人士。但是，两个人的理财观念也很不同。丈夫比较活泼、爱冒险、富于开拓，是理财激进派，而孙佳仁却是步步为营的谨慎派，为此两人在投资决策时常常吵得不可开交。

眼看经济矛盾将升级为家庭矛盾了，两人经过反复考虑后，决定干脆实行“分管制”，各管各的钱，各理各的财。经过“民主协商”后，每月家庭支出3000元，孙佳仁出1000，丈夫出2000，剩余部分各自打理，谁也别干涉谁。

一段时间后，孙佳仁买了一个定期存款的收益项目，虽然短期内看不出有多大的盈利，但20年后将是一笔可观的收入。而丈夫也不甘落后，他精心研究了一支股票，凭借着直觉和多年的经验认定此股票必然会上涨，便取出3万块运作，在两个月里将这3万块变成了4万块。

眼见丈夫的理财进行得顺风顺水，孙佳仁虽然嘴硬，但彻底信服了丈夫的理财能力。而丈夫因为可以放手“大干”了，自然也很感激孙佳仁的理解和信任，夫妻之间的争吵少了，感情也越来越融洽了。

共同理财是现代家庭理财的最佳方式，两人都为了家庭而努力积累财富，而共同理财不仅使理财方式更加合理化，而且也增强了双方的责任心。不过，“理财永远是一种思维方式，而不是简单的技巧”。理财是一种态度和理念，它无法让我们一夜暴富，它只不过是利用我们手中的资金来满足我们的人生及家庭开支的需求。

现在很多家庭常常会把财政大权交给女方，因为对于处理家庭琐碎事情的方面，女人的时间比男人更多，而且普遍来看，女人掌握“财政大权”的家庭会更加稳定。因此，作为妻子更应该持家有道，这样家就会越来越好，不会为金钱而发愁；相反，如果一个女人不懂得“管钱”，那么家庭经济危机随时都可能上演。

为了不让经济危机毁掉你们的幸福，那就从现在开始学会理财，合理安排你手中的财富吧。不要再为了婚姻中的经济而大发脾气，金钱虽然买不来幸福的婚姻，但稳固的经济基础却是幸福婚姻生活的保障。

8.责任，是爱情的终极体现

爱情是甜蜜的，像玫瑰一样绽放的爱情经过风雨，使两个有情人走入了婚姻，婚姻是爱情的最好归宿，穿起婚纱走入教堂，是每个女人最美丽的时刻；从岳父手中接过爱人的手，是每个男人最潇洒的动作。婚姻其实是责任的代名词，两个人结合在一起，就代表着要各自分担生活的责任，这样的婚姻才美满，爱情才不会变质。

原始社会中，男人的责任是外出打猎来获得充足的食物，为家庭提供保障；同时还要肩负起保卫家庭安全的责任。女人则会摘野果、哺育子女，为男人做好坚实的后盾。虽然生活的意义不是太清晰，但他们各自承担的责任却很明确。随着人类的进步，男女组成家庭后应负的责任并没有改变，在古代封建社会中，男子主外，女子主内，共同经营着家庭，过着安稳的生活。

现代社会中，物质条件极为丰富，社会的稳定性也很好，但男女双方在恋爱、婚姻时的责任感却下降了，这是造成现在爱情缺乏稳定感的最根本原因，也是造成现在离婚率上升的罪魁祸首。一个男人应该主动承担起保护自己女人的责任，而女人则应该对所爱的男人多一份体贴，在这个竞争激烈的社会中，无论男女双方都要减少依赖性，学会独立，为家庭的幸福而努力。

秦朝时，有一对年轻的夫妻在森林中过着幸福快乐的生活。日子虽然过得清苦，但小俩口的感情极好，一直恩恩爱爱的，令周围的猎户、乡邻羡慕不已。

秦始皇为了统一六国，战争四起，丈夫被无情地征入了军队。几年后，战争结束了，在战争中幸存下来的战士纷纷返回了故乡。但是，妻子却没有迎来丈夫，他的战友们有的说他已经死在战场上了，有的说他逃走了，但更多的人说秦王见他有勇有谋，甚是喜爱，留他做了将军。

妻子在面对各种谣传和诱惑时始终心静如水，她相信丈夫一定还活着，而且无论发生了什么，丈夫一定会回来，因为他们曾经许下不离不弃的誓言。

光阴似箭，日月如梭，一晃就是40个年头。当青春已逝，皱纹爬满了额头时，妻子才发现自己在不知不觉的思念中已经黑发变白发，成为一个老妪了。

一天，她正在小屋里收拾晒干的野果，忽然发现一个苍老的男人走进了小院。她揉了揉已经模糊的眼睛，突然泪水掉了下来。

“爱妻，是你吗?”那个男人冲她喊道。

“是的，是的，你终于回来了！”她听出了丈夫的声音，虽然已经有些沙哑，但却那么熟悉，她飞快地迎上去，与丈夫拥抱在一起。

“你还是独自生活吗？”回到已阔别40年的家里时，丈夫见家里还是自己去战场前的模样，禁不住问道。

“是的，我相信你会回来的。”她说，“你是被秦王留下了吗？听人说当初秦王还封你做了将军，强迫你娶了公主，你怎么回来了呢？”

“是的，为了留住我的心，他们不但给了我高官，而且还想把大臣的女儿赐婚于我，但后者被我拒绝了。当初，我之所以答应他们做将军，是因为我想活下来，活下来回到你身边。这次，我受命去边疆驻守，我偷偷跑回来了，我的部下会以我战死为由上报朝廷。”

“可是这样的话，你既没了官位，也没有了荣华富贵，只能和我一起过这种穷苦的日子了。”

“我知道，但我不后悔，因为在这世上，没有任何人，也没有任何东西比我们的爱情更珍贵，也没有任何人比你在我心中的地位更重。”

“糟糠之妻不下堂”，丈夫在40年中一直守着自己的诺言，虽然不能与妻子在一起，但是对妻子的爱与责任却一天都没有变过。妻子也守着爱情、忠于爱情，几十年如一日地履行着作为一个妻子的责任。他们这种忠贞不渝的爱情令我们感动，这才是真正的“无论贫穷、富贵、疾病还是痛苦，他都是我一生的爱人。”

相爱没有那么容易，每个人都要为爱情付出，这样的爱情才会长久，婚姻才会稳固。年轻人有着火热的青春和充沛的精力，面对情感也有着多种多样的选择，但是，如果一个人不把责任放在第一位，以游戏的态度对待爱情的话，最终只能一无所获。

欺骗爱人的感情、对自己的诺言从不遵守、轻易开始或者结束一段感情……这些都是对爱情不负责任的表现。如果遇到一个你爱的人，就要义无反顾地爱下去，就要对爱情忠贞，就要承担起一个男人（女人）应该负的责任。任何不是以爱为前提的感情都不会有什么好结果，任何不是以责任为约束的爱情也不会长久。

但是，在婚姻生活中，责任并不只是简简单单的照顾和爱护，更重要的是对爱情的忠贞。如果一个连爱情都背叛的人，即使他仍然照顾着家庭、爱护着妻子，他的爱情也变了颜色，这样的婚姻再继续下去也是不幸的。

薛晓宇仪表堂堂，为人风趣幽默，很受女孩子的欢迎，他身边也有不少女孩子向他暗送秋波，最后他选择了和姜敏贤结成眷属。

贤淑文静的姜敏贤不只让薛晓宇父母感到十分满意，连亲戚邻居也都称赞不已。第二年年初的时候，一个俊俏可爱的男孩在众人的期盼中降生了，这让一家人更是高兴得合不住嘴。

还有锦上添花的事情发生，薛晓宇因为工作出色，被提拔为公司经理，独自负责公司的一个分部。虽然职位调动带来生活不便，但薛晓宇深知自己作为一个丈夫的责任，时常从公司赶回来，这令姜敏贤和家人都非常感动。

但是，这样的情况并没有持续多长时间，不到半年，姜敏贤发现薛晓宇回家的次数越来越少了，两人的交谈也越来越少。凭借女人的直觉，她断定薛晓宇在外面有了别的女人。姜敏贤对丈夫说出了自己的猜测，可薛晓宇不但不否认，还说："她知道我有妻子和孩子，她不会破坏我们的家庭。只有你才是我永远的妻子……"

听了这话，姜敏贤压抑住心里的愤怒说："我要的不是妻子的位置，我要的是你对我和这个家庭的忠诚。"姜敏贤知道想要挽回自己的爱情已经不可能了，当她再一次发现薛晓宇和那个女人有联系时，毅然提出了离婚。

对于这个要求，薛晓宇没有丝毫准备，他痛哭流涕："我喜欢她，可是更爱你，你才是我的妻子啊。"姜敏贤只是平静地回复他说："一分为二的爱情我不要，没有忠诚的婚姻我也不稀罕，而你所谓的家庭责任中却少了这最重要的一条。"

爱情是一件美好的事物，它可以带给双方愉悦的情绪，但是我们却不要忘记这份情感所附属的还有责任。男人对女人的呵护、女人对男人的体贴、男女双方所遵守的忠贞都是不可缺少的爱情责任。薛晓宇虽然痛哭流涕地请求妻子保全家庭，看似是对家庭负责的表现，但就如妻子所说的，他的家庭责任中缺少了最重要的一条，那就是对爱情的忠贞。

爱情是一种体验，它的终极形式便是婚姻，而婚姻生活中最重要的便是责任，那是缔造幸福未来的保障。珍惜眼前的爱人，担负起应尽的责任，只有这样，才能获得爱情的最高境界和最甜蜜的生活。

9.天下没有十全十美的婚姻

爱情令人心动，在恋爱期间，每个人都想在对方面前展现最完美的自己，从而获得对方的好印象。女人尽量打扮得光鲜亮丽、谈吐优雅；男人则干净利落、对女人呵护备至，恋爱是甜蜜的、浪漫的甚至没有任何瑕疵的。但当两人走入婚姻生活面临柴米油盐的问题时，生活远远偏离了理想的轨道，婚姻也没有想象中那么完美，如果对婚姻的要求太多，那么你必将成为婚姻的失败者。

天下没有十全十美的婚姻，进入婚姻的男女都会感觉到对方的改变，也会发现很多生活中的问题。婚姻虽然有偶尔的浪漫，但更多的是平淡、是现实，这些都是完美主义者难以承受的。完美的人和事只存在于电视剧和小说中，在现实生活中根本不存在，倘若你真的要去抓住这种乌托邦式的梦，那么你只会为自己徒增烦恼，为婚姻设置绊脚石。

野猪先生和狼先生同时爱上了鹿小姐，这让鹿小姐很为难，不知选择哪一个。最后，鹿小姐说，你们谁能得到这一届森林运动会的全能冠军，我就嫁给谁。

野猪先生和狼先生为了爱拼命地训练着。在森林运动会上，狼先生胜出，鹿小姐惊喜地跑上前去："亲爱的，你太让我惊喜了，你是最棒的，我决定这一生都和你在一起。"

不料，狼先生却一把推开了鹿小姐："对不起，我成了冠军，有了更能匹配我的伴侣了。我觉得你还是和野猪先生更合适些。"

说完，狼先生就牵着森林之王的千金虎小姐去散步了，只留下鹿小姐一个人呆立在当场。

这个短小的童话告诉我们，在选择另一半时，只需要找到一个爱自己的人，但他不一定是世界上最好、最完美的人。很多女人结婚后，总想改变丈夫身上的一些问题，于是就开始对丈夫指手画脚、唠唠叨叨，如此一来便挫伤了丈夫的自尊，压抑了丈夫的情绪。殊不知，当你像管教孩子一样管教丈夫时，可能把他教育得十分完美，但当他达到完美的时候，你可能已经失去了他。有句话说："不要为别人培养丈夫。"就是这个道理。

谁也不是王子、公主，虽然希望婚后的爱情更加完美，但是，如果把理想与现实混为一谈，那么你的婚姻将会变得可悲。即使相爱的时候很完美，一旦进入婚姻之后，也会变成柴米油盐的协奏曲，妻子可能会穿着睡衣和大拖鞋在屋子中走来走去；丈夫可能会把臭袜子、脏衣服扔得到处都是，但是这就是生活，平淡而真挚的生活。

刘晓梅、平妮妮、郑丽宣是好得不能再好的闺中密友，3人中，刘晓梅长得最美，郑丽宣最有才华，只有平妮妮各方面都平平。

这3个人虽然平时好得跟一个人似的，但是她们在择偶的标准上却有很大的不同。

刘晓梅觉得人生就应该追求美满，爱情是世间最浪漫的事，如果找不到一个能让自己觉得非常完美的爱人，那她宁愿一辈子独身。

郑丽宣认为婚姻是一辈子的大事，必须找一个能与自己志趣相投的男人才行，两个人相扶相助，有共同语言，那样的日子才幸福。

平妮妮呢？她竟然没有什么标准，她是个传统而又实际的人。她对婚姻不抱不切实际的幻想，对男人不抱过高的要求，对人生不抱过于完美的奢望，她觉得两个人只要“对眼”，别的都不重要。

她们毕业后，平妮妮遇到了一个男人，他的名字叫陈武。陈武的长相、才情都很一般，属于那种扎在人堆里就会被淹没的男人，但是，当平妮妮见到他的时候，两个人第一眼就看上了对方，而且彼此都是初恋，于是两个人便一路恋爱下去。

刘晓梅和郑丽宣对这件事都持否定态度，她们觉得像平妮妮这样各方面都难以“出彩”的人，婚姻是她成就人生辉煌的唯一机会，她不应该草率地对待这个机会。不过，平妮妮还是坚持自己的选择，她觉得，在以后漫长的岁月里，不知道会遇见谁，也不知道将来是谁的妻子，但是现在她感觉自己的所爱就是陈武，自己一定不会放弃。

于是，23 岁的平妮妮毕业第一年的冬天就与陈武结了婚，25 岁时做了妈妈。虽然平妮妮的日子过得很舒服、很幸福，但是她最好的两位朋友还是在同情地看着她。

刘晓梅摇头叹息地对她说：“丫头呀，花样年华就这样白白地没了，可惜呀!”

郑丽宣撇着嘴说:“你为什么不找个更好的?”

就在这样的声音中，平妮妮依旧过着她的日子。岁月无情，当 3 个人都由少女变为半老徐娘时，刘晓梅众里寻他千百度，无奈那人始终不在灯火阑珊处，只好让闭月羞花之貌空憔悴；而郑丽宣虽然如愿以偿地嫁给了一位与自己志趣相投的男士，但无奈两个人总是同在一个屋檐下，却如同两只刺猬般不停地用自己身上的刺去扎对方，遍体鳞伤后，最后不得不离婚。离婚后的郑丽宣以吃来宣泄自己的坏心情，生生将自己昔日的窈窕变成了今日的肥硕，昔日的才女变成了今日的怨妇。

而平妮妮依旧过着自己幸福的小日子，她事业顺利、家庭和睦，到现在竟然美丽晚成，时不时地与女儿一起冒充姊妹花招摇过市。

爱情中的理想色彩十分宝贵，但是，如果对理想太过于苛求，那便脱离了现实，再美的外貌也会有变老的一天，再美的爱情也会走入平实的生活。爱情给每个人带来了温暖，但爱情不是童话，浪漫也只是小插曲。

当我们决定结束单身和对方携手婚姻的时候，不要只想着如何把浪漫进行到底，更应该承担起的是婚姻的责任：互敬互爱、相扶到老。在每个人的心中都有一个属于自己理想型的对象，但理想就是理想，既然你选择与眼前的这个人在一起，就要化理想为现实，接受对方一切的不完美。虽然这样的生活平淡、无趣，但你要明白“过甜则腻，过咸则苦”这个道理，只有咸甜适中又仿佛缺了一味什么，这才是真正的生活。

玉无瑕虽然价值连城，却极罕见，我们不否认有完美的人、完美的事，但要知道我们的生活总是没有想象中的完美。遇到了爱的人，就与他相守一生，共同经营不完美的生活，最终得到的就是幸福。

第六章

事业要讲高度：对平庸说“不”，搭一架向上的梯子

碌碌无为的人，往往不是天资不够，也不是机遇难求，而是没有一个长远的目标。在事业上，我们需要为自己搭一架梯子，这架梯子不是出人头地的梯子，也不是升官发财的梯子，而是眺望方向、探寻前途的目标之梯。当自己看准了未来的路，在实践中让能力和学识提升到了另一个高度，那我们自然就可以与平庸道别了。

1.成就事业要有高眼光与高追求

有句话叫做“眼光有多大，成就就有多高；追求有多远，成就就有多远”。由此可见，眼光和追求决定了我们的成就与发展。倘若一个人目光短浅，毫无追求目标，那么注定就会被社会淘汰、被后浪扑倒在沙滩上。如果眼光和追求都到达了一定的高度，那么事业就会蒸蒸日上，机遇也会不停地涌来。

如果一个人想要成就一番事业，那么就必须要有高眼光和高追求。在事业上，高眼光是指对某一事物发展的预测能力以及其潜力值的预估；高追求则是指对事业的努力探索。两者相结合才能达到一定的高度。

曾经有一个少年，他挑着茶壶走在路上，可是一不小心，茶壶掉在了地上碎了。不过少年没有回头，而是继续往前走，就好像没有掉东西似的。路人很是奇怪，这么大的响声难道这小伙子没有听到吗？于是就有好心的路人叫住了他，说道：“小伙子，你的茶壶掉了，难道你不知道吗？”路人指着碎了一地的茶壶说道。

小伙子停下了脚步，平静地说道：“碎了的已经碎了，难道我还要回头对着自己的茶壶哀悼吗？不，那样只会浪费我的时间和精力。虽然茶壶碎掉了，但是我的担子却轻了，反而走得更快。”

小伙子的目光无疑是长远的，许多事情的结局已经定格，既然已经无法挽回，又何必死盯住一个地方，一味地伤悲呢？所以，无论我们做任何事，都需要将自己的眼光和追求摆在一定的高度，当然前提是需要符合自身的实际情况，而盲目追求是行不通的。

"目光要放得长远些啊"、"心比天高啊"等等，这些都是老一辈人对我们常说的话语。不知他们为何会说出这般简略至极的话，但是细心一想，却大有深义，这些话不能只看表面，需要我们从更深层次去思考。"远方"亦可指事物，或人生路途的远方。而心比天都高，说的是对自己往后发展的眼光和追求，最重要的是，它们都达到了一个高度。

一些企业给自己的定位是：没有最好的，只有更好的。那么，如此高度的定位和追求是利大于弊，还是弊大于利呢？有这样一个例子。

美国人瓦列梅克是现代玩具之父，他的企业可以说是玩具行业中的龙头老大。瓦列梅克在开始创业的时候，手中不过只有1000美元，可以说穷得响叮当。但是，瓦列梅克凭着"没有最好，只有更好"的信念，用孜孜不倦的创新精神打造出了自己的玩具王国。瓦列梅克通过对玩具的不断改革和设计，使得自己成为了富有的人。

在瓦列梅克的那个时代，玩具根本不能称之为"玩具"。那个时候的玩具主要是木偶，不仅看上去硬邦邦、冷冰冰的，表情更是夸张，缺乏真实性与灵动性。这样一个毫无生气的玩具，孩子们在玩了一会儿后就失去感觉了。看到这个现象后，瓦列梅克心里就在想，到底怎么样才能让玩具激发出小孩子的兴趣呢？他想了很长一段时间，但是一直没有得到答案。

有一天，瓦列梅克在马路上等车时很是无聊，于是他细心地观察马路上的车辆是如何行走的。他看到，车轮子由两条轴穿过，上面安置了一个大大的车厢，只要轴装得牢固，轮子滚动时就不会发生障碍。瓦列梅克脑袋闪过灵光，他想，为什么不让自己木偶的手臂动起来呢？这个发现让瓦列梅克十分开心，他一路狂奔着回家，连大衣都没有脱就拿着一把锯子和长柄的手钻，随手拿起桌子上一个木偶，将它的两条手臂锯下，之后再在肩膀两端钻出了一个小孔，接着插入一根圆形贴条，随后又将锯下来的手臂安装在小圆贴条上，轻轻地转动木偶的左手，右边的手也跟着转动了。

瓦列梅克把自己的发明给自己的儿女们看，孩子们立马喜欢上了。孩子们的表现无疑坚定了他的决心，他马上把同类木偶的样子交给了一个木匠，一共做了 1000 个。随后，瓦列梅克把这些做好的木偶涂上五彩缤纷、看起来让人悦目的颜色，并把这 1000 个试验品拿去百货公司推销。木偶毫无意外地大受欢迎，3 天内就销售一空。

但瓦列梅克对于这个成就还不是十分满意，他继续研发出新的木偶和款式。不久，他就创造出了活腿木偶，还开了一家几百人的工厂，自己则担任起设计和生产的责任。瓦列梅克的创新热情一直没有减退，他继续研究如何把木偶做得更好、如何才能更吸引孩子们的注意。他梦想有一天，自己的木偶可以像真人一般行走。

终于有一天，瓦列梅克又一次从车轮子上找到了他创作的灵感。他先用一根曲轴穿着前面的两个轮子，然后再用一条直轴引着主轴。这样一来，直轴牵动时，曲轴就会跟着转动，轮子也就会转动了。如果把轮子撤掉，装在木偶的手和脚上，那么木偶就可以行走了。瓦列梅克很快就设计出图纸，之后安排工人们来制造。半个月后，第一个行走的木偶制造出来了，全工厂的人都来观看这种新奇的木偶，大家一致认为这种木偶将会是一个革命性的产品，同时还会有巨大的市场。

产品试验成功，瓦列梅克大大受到鼓励，之后他又对木偶进行了一系列的改善，并克服木偶中存在的小缺点。同时，他将木偶的尺寸放大，放在一家大百货公司做广告。很快，这批木偶就销售一空。

瓦列梅克的木偶很受欢迎，木偶的销售量只增不减，同时，他也制定出一份符合市场发展的营销措施。瓦列梅克的成功是对其高眼光与高追求的肯定，他坚定不移地完成自己的信念，使得他的事业达到了一个空前的高度。高眼光与高追求激发出了瓦列梅克源源不断的灵感和热情，他的这种不断进取和创新的精神使得他获得了财富，成为了一个富有的人。

从瓦列梅克的事例中可以看出，拥有高眼光和高追求绝对是利大于弊的。首先，高眼光和高追求能够激励人奋发前进，不会只想着在到达一个高度的时候就停下；其次，在遇到挫折的时候，不会轻言说放弃，因为小挫折是必不可少的，但是相对于高眼光和高追求而言，就显得十分渺小。

鹰的眼光是无疑是锐利的，所以能够迅速地捕获到食物；壁虎的眼光是长远的，所以能勇敢地自断其尾，保住自己的性命；人的眼光是智慧的，所以才能在人生的征途上收获果实。我们的生活看似无形，实则有形，只有具备高眼光、高追求的人才会发现，成功其实就在自己的掌握之中。

在浩瀚的历史中，翻阅成功人物的人生，我们会发现，绝大多数人都拥有高眼光，比如司马迁甘愿受到宫刑，也要完成惊鸿巨作《史记》，最终成为历史上的一朵奇葩；韩信蒙受胯下之辱，但最终还是成为了大将，逐鹿中原，留名青史；李白放弃了升官，所以写下了许多诗篇，为中国文化添加了奇异的色彩。这些历史名人都拥有独到的眼光和长远的追求，正如一句名言所说：“古之立大事者，不惟有超世之才，亦必有长远的眼光。”由此可见，高眼光和高追求对成就大事业的人十分重要。

2.一流的目标才能成就一流的人生

何为目标？它是个人、部门或整个组织所期望的成果。目标也被看作是理想和梦想，它是人生的设定和追求。

每个人都有自己的目标，或者是人生的规划。这些目标也有远近、大小、高低之分，什么样层次的目标注定什么样层次的人生。为什么这么说呢？因为定下的目标不同，所以付出的努力就不同。有人将自己的目标定位在一个中等程度，那么所付出的努力也是中等的，久而久之，最终停滞不前，成就出一个二流的人生。但是，如果在一开始的时候就定下了一流的目标，那么经过奋斗后才能成就一流的人生。

上帝和每个人都在玩着一个游戏，那就是“人生”，只有好好走下去，你才能成为最后的赢家。因此，成功的第一步就是从设立目标开始。

从前有一个小山村里住着一个小男孩，小男孩是一个喜欢学习的人，但是他的求学之路并不顺利。在初中的时候，有一回老师让全班同学写作文，题目就是“长大后的志愿”。

小男孩回到家中，他握着笔思考着，洋洋洒洒地写了7张多纸，描述出了他伟大的志愿，小男孩的志愿是希望在以后可以拥有一片属于自己的农场，并且还仔细地画好了一张占地200多亩的设计图，上面的标注很详细，有马厩、跑道等位置，然后在这片农场的中央还有一栋占地400平方英尺的豪宅。

小男孩花了很大的心血才完成了作文，第二天，他高兴地把作文交给了老师。两天之后，他拿回了作文，但是老师给出的作文成绩却是“不及格”，并且在旁边还有批注：下课后来办公室，于是充满幻想的小男孩就在下课后带着作文找到了老师，他问道：“老师，为什么给我不及格呢?”老师的回答是：“年纪轻轻就不要做白日梦，你知道盖一座农场需要花费多少资金吗？那可是一个大工程，不仅如此，你还需要买来马、牛、羊等小动物，还得去照顾它们。如果你肯重新写一个，我会给你一个好的分数。”

小男孩回家后反复思考着，然后又去征求父亲的意见，父亲给出的答案是：“孩子，这是非常重要的决定，你必须自己拿主意。”小男孩经过仔细考虑后，决定把原来的稿子交给老师，并且一个字都没有改动。他和老师说道：“即使是不及格，我也不愿意放弃自己的梦想。”

20多年后，那位老师带领了几十名学生来到了那个曾经被他指责不切实际的男孩的农场中露营。离开之前，他对已经是农场主的男孩说：“我真的十分惭愧，你读初中的时候，我曾经给你的作文不及格，还泼过你的冷水。这些年来，我也对不少学生说过相同的话，但是只有你是一个坚持自己目标的人。”

但是长大以后的小男孩并不在意，他说道：“就是因为您当初对我的不肯定，才让我想去证明自己的目标是可以实现的。”

小男孩能够有这样的成就，与他设定的目标息息相关，因为当他设定下目标的时候，就注定他需要付出很多的艰辛和努力去实现。目标就是奋斗的动力，动力够不够，就得看目标的大小。小男孩因为一流的目标成就出了他一流的人生。

不可否认，当我们还没有迈入社会的时候，给自己定下的目标是那么的美好，有人想做科学家、作家，或者是企业家，等等，但是当我们迈入社会，步入现实后，又有多少人能真正做到朝着自己的目标迈进呢？很多人都是半途而废，目标换了一个又一个。其实这样的做法是不对的，在认定一个目标后，就不要轻易改变，我们需要作出详细的规划，并且要一步一个脚印地朝着目标出发，如此才能塑造出一个有意义的人生。

我们都说有高目标才能有高成就，倘若起初就给自己定下一个下等的目标，又怎么去成就高等的人生？奥格·曼狄诺曾经说过："一颗种子可以孕育出一大片森林。"同样，一个一流的目标就能成就一个一流的人生。

孙正义是世界级别的富豪，他登上过《福布斯》财富榜。他在19岁的时候曾经做过一个长达50年的人生目标规划：

20岁的时候，准备向所投身的行业宣布自己的存在。

30岁的时候，准备调用1亿美元的资金做一件足够大的事儿。

40岁的时候，准备要选择一个十分重要的行业，把自己的心血和重点都放在这个行业上，并且在同行中取得第一的成绩。等到公司拥有10亿美元以上的可用资金后，准备去做其他的投资，并且规划好接下来该做的行业，最后的终极目标是，整个集团必须拥有1000家以上的子公司。

50岁的时候，准备完成自己的事业，让公司的营业额超过100亿美元。

60岁的时候，准备把自己的事业传给下一代，自己回归家庭，颐养天年。

从现在的情况来看，孙正义的目标正在逐步地实现，他从一个名不见经传的小老板的儿子摇身一变成为闻名世界的大富豪，仅仅只用了十几年。孙正义的例子完全可以阐释出这样一个道理：有目标才有理想，而一流的目标更是能成就出一流的人生。

那么，我们该如何制定出一流的目标，并且实现目标呢？这还要从确立正确的目标说起。

首先，目标必须是长期的。如果一个人没有长期的目标，那么很有可能在短期内被种种挫折给击倒。当你设定了长期目标后，起初不要妄想着尝试以及克服所有的障碍，而是需要有计划地去处理。就好比是早上出门，不可能每一个路口都是绿灯，有时候遇到红灯就需要停下来等等。

其次，目标必须是特定的。下面有这样一个故事。

一个猎人去打猎，他瞧见树上有一群鸟，于是他便向鸟群开了好几枪，但是结果一只也没有打到。猎人很是郁闷，便去问智者："为什么那么多鸟，我怎么一只都没有打到呢？"

智者就问："你有特定的目标吗？你是朝着一只鸟打的吗？"

猎人憨笑地摸了摸头，说道："没有，我只是胡乱地开了几枪，以为有那么多的鸟，总会被我打到几只。"

猎人的例子与我们的生活很贴近，我们在制定目标的时候，必须是特定的，不能在过了一个阶段后，让自己的目标偏离了原来发展的轨道。

再次，目标一定要远大。有句话叫做"人因为梦想而伟大"，那么拥有的目标越大，成就也就越大。就好比如果你给自己设定一个 1 公里路的目标，在完成不到 1 公里的时候，便有可能感觉到累，并且想放松自己，心里还会想着，反正快要到达目标了，自己就没必要努力了。但是，如果你给自己设定为 10 公里路，就要做更充分的准备，并且能一口气地跑完七八公里，之后才会想到稍微让自己松懈一下。由此便可见目标远大的重要性了。

最后，依靠实践完成自己设定的目标。如果你只是一味地设定目标，而不去付出行动的话，最终的结果是空谈。“实践是检验真理的唯一标准。”而实践更是检验目标的有力手段。

只有为自己树立了一流目标，并且用自己的智慧和勇气去为之奋斗，才能照着特定的方向前进，而这方向就是“成功”。

3.给自己做好人生定位

什么是“人生定位”呢？其实就是给自己设定一个奋斗的目标。给自己做人生定位，就好比是一场戏，无论是主角还是配角，每个人在戏中都会有一个属于自己的角色。在生活或者工作中，我们会想自己需要做一个什么样的人，以后该从事什么样的工作。有了一个初步的定位后，才能朝着目标发展。

在管理学中有一句名言：“没有最好的，只有最符合实际的。”所以，任何人在给自己做定位的时候，首先需要注意的就是要符合实际，并且认真分析自己的特点和特长，找出适合自己做的事情。

曾经有一个小青年叫小刘，他来到了北京，成为了北漂族中的一员。小刘在一家公司中上班，因为喜好速记，于是就经常接一些相关的工作，不论报酬多少，他就当是在练手。渐渐地，小刘有了一点儿知名度。

有一次偶然的机会，一位成功的商人邀请小刘去做速记，主要是记下商人这么多年来成功的经验。商人做讲述，小刘做记录。最后，商人的讲述出版成了一本书，而小刘也因为这本书出名了。

人们对小刘速记的高超本领感到惊讶，很多人都好奇他的记忆力怎么那么好。小刘的思维很灵活，因为成名，他看到了商机，他发现北京的速记市场很广阔，当时的市场覆盖率居然不足10%，于是，他买了一台价值2000元的旧款笔记本电脑，从此做起了速记。

自此，小刘不再局限于为个人做速记，他也开始包揽各种会议速记。不久之后，便用10万元注册了一家自己的速记公司，他给自己设下了人生定位，就是一定要将自己的速记公司发展好。有了目标，做起事来备加精神。通过努力，小刘的速记公司开始被更多的人知晓，每年收益火爆。

做销售的人注重定位，做企业的也要主动去定位，而我们对于自己的人生需要更加准确地去定位。就像小刘一样，正是因为找准了定位，才使自己的事业取得了成功，由此可以看出找准定位的重要性。

一个人给自己做出正确的定位，可以在很大程度上看出自己人生的方向和命运。就比如，当我们处于一片迷茫的时候，是选择虚度一生、浑浑噩噩地过日子，还是一步步去实现自己的人生目标呢？凡是热爱生活、体验生活的人，都会毫不犹豫地选择后者。那么，我们从一开始选定目标的时候，就该摆正态度，找好定位，认真对待自己的人生。有这样一则寓言故事：

清晨，一只狐狸出外觅食，因为太阳光，它看见自己的影子拖在地上，很长很长，于是它信心十足地说道：“我今天就要捉一头骆驼当做自己的午餐。”于是，整个上午，狐狸都在奔波着、追逐着，但是却没有抓到一头骆驼。很快到了中午，太阳移到了狐狸的头顶上，它看了一眼自己的影子，发现十分的矮小，于是灰心丧气地说道：“还是去抓一只老鼠吧！”

这则小寓言十分滑稽，狐狸根据自己影子的长短而选择捕捉的食物，似乎显得不切实际。我们都说：“人贵有自知之明。”能够正确定位的人，才是一个值得夸奖的聪明人。狐狸之所以会犯这样的错误，主要原因就在于缺少了自我透视的眼光，看不清楚实际与自身条件。

每一片叶子都不相同，它们有着各自的纹路，就如同人类的指纹一般。当然，每一个人也不相同，或多或少都拥有自己的特色。有人说：“上帝为你打开了一扇门，自然会关上一扇窗。”所以，每个人都有属于自己的才能，只有用心去发觉，才能为自己定好位，才不至于出现如狐狸一般低级的错误。

小李是主持界的一朵奇葩，她是一个富有传奇色彩的女子，她主持的节目受到很多人的欢迎和推崇。就在事业达到一个高度的时候，她放弃了手中的工作，选择出国留学学习新知识。

小李的决定让很多人惊讶，她在自己留学前主持的最后一档节目中说道：“主持人这个行业是吃青春饭的，我也不例外，如果我不想办法去充实自己，那么我的前程将会很短暂。”两年之后，小李取得了学位回到了中国，对于这次选择，她有着清楚的认识，她说：“传媒离不开特定的社会环境，我在国内可以做的事儿更多。”

有时候放弃也不一定是最坏的选择，小李为自己做好了人生定位，不仅找到了适合自己发展的职业，更是创建了属于自己的公司。尽管她所扮演的角色千变万化，但是始终没有偏离媒体这个大方向。

小李是聪明女人中的代表，她在选择进入主持界后，就明白做媒体是自己的最大优势。选择出国学习，为的是丰富自己，也是为以后的人生做铺垫，希望可以迈向新高度。小李为自己的人生做好了定位，所以不会因为时代的发展而被淘汰。那么，我们该如何为自己的人生定位呢?

首先，定位一定要符合实际，不能与现实相差太大。这就好比一只蚂蚁给自己的人生定位是吞掉一头大象，如此想法会被我们立刻否定。这样的定位太过缥缈，太不切实际，如果照着这样的定位发展下去，最后只会浪费精力，做着无用功。

其次，定位要因人而异，不能跟风攀比。比如，一些人有健康的身体、充沛的体力，于是便为自己塑造出一个体育人生；有些人身体残疾，但是内心坚强，硬是给自己创造出一段金融人生。所谓“龙生九子，各有所好”，在我们为自己做人生定位的时候，需要观察自身条件，做到符合自身需求。

再次，定位要考虑知识层面。人生的定位是建立在对周围事物的了解和自身的知识层面上，因为对专业的了解不同，所以人生定位也不相同。所谓“男怕入错行，女怕嫁错郎”就是这样一个道理。

生活的美好总会在你不经意的时候盛装莅临，给人生定位是必不可少的阶段，它代表着成长与艰辛。当然，人生的定位是需要很长的时间来磨合的，或许当我们在看见一个美好的事物后，就会迫不及待地去追寻它，其实那是很正常的。一个人只有不断地去认识自身的优势，才能为人生做出正确的定位，就好比尼采说的：“聪明的人只要能认清自己，便什么也不会失去。”岁月是一棵枝干纵横的大树，而生命便是其中飞进飞出的小鸟。

4.发挥优势，做自己最擅长的事

一位哲学家曾经说过：“一个人如果懂得如何利用自己的优势去工作，那么他生命中的力量便可得到充分的发挥，他是幸福的。”有些人在事业上、生活上总是能春风得意，绝大部分的原因是人发挥了自身的优势，选择了去做自己最擅长的事。

中国有句俗语叫做“尺有所短，寸有所长”，意思是说每个人都有自己的优势和短处，关键就要看你会如何去发挥。发挥得好，就会一鸣惊人，发挥得不好，很有可能会被浪花扑倒在沙滩上，深入泥土，消失不见。

想要发挥自己的优势，就要知道自己擅长做什么，否则就难以发挥所长。那么，我们该如何修炼这门课程呢？

张明是一家酒店管理财务的职员，他的地位仅仅次于总主管的位置。张明对工作很认真，这么多年来，一直没有什么过失，受到公司上下的一致好评。可是有一天，酒店来了一位新员工，这位新员工一直觊觎着张明的位置，并对他咄咄逼人。

张明感觉到一股无形的压力，他便开始想法子来稳固自己在酒店的地位。于是，他选择学习更深入的电脑知识，甚至连编程也去学习，后来还学习了英语。经过学习，张明终于成为了一名较好的程序员，同时也能用英语和别人进行简单的对话。但是时间已经晚了，对手早已取代了他的位置。

张明很不明白，他扪心自问，自己哪里做得不好？凭什么别人要取代自己的位置？于是便去问公司主管：“老板，我自己在管理财务方面一直不差，甚至还特地去学习计算机编程和英语，综合实力比新来的那位强得多了。那为什么还要撤去我的职位呢？”

主管想了一会儿说道：“论综合实力你的确比新来的强，但是计算机编程和英语跟财务有什么关系呢？就算是要加强，你也应该去学习会计方面的知识。你的加强选错了方向，没有朝着自己的优势下手，没有将自己的优势变得更强，这才导致了别人有可乘之机。如果置自己的优势于不顾，认为自己的能力能为所有的人干所有的事，那么你在职场上就一定找不准自己的位置，更加体现不出自己的价值。”

张明想了想，垂头丧气地走出了主管办公室。现在仔细回想起来，自己在专业知识上一点儿没有加强，学习计算机和英语的用处一点儿也不大，最多就是“画蛇添足”，制造一则笑话罢了。

如张明这样的例子有很多，在职场上找不到自己的优势。就比如，你想要成为一名合格优秀的财务人员，就该在职场上为自己定好位，不仅要处理好人际关系，也要熟悉公司方方面面的业务情况，这样才能将自身的优势发挥到最大。倘若张明发挥自身的优势，去做自己擅长的事儿，这就等于有了发挥才能的舞台，英雄也就有了用武之地。

一个人不可能事事做到面面俱到，或多或少都会存有一点儿缺憾，这就需要你认真对待自己的长处，唯有将长处发挥到极致，才能立于不败之地。爱默生曾说过：“什么是野草？野草就是一种还没有发现其价值的植物。”因此，成功的捷径就是发挥自己的优势，做自己最擅长的事儿。都说上帝是公平的，它给予了每个人优点和缺点，那些发挥自身优势的人，才是上帝真正的宠儿。

有一天，森林里选举走路最高贵、最美丽的小动物，投票最多的是孔雀。一只小麻雀很羡慕，它觉得孔雀走起路来高贵优雅，于是就学着孔雀走路的姿势。第二次森林选举的时候，小麻雀就学着孔雀走路，结果排名为倒数第一。小麻雀很伤心，于是就去问孔雀。它说："孔雀，孔雀，我学着你走路的样子，为什么你得了第一，而我却是最后一名呢?"孔雀说道："因为你没有发挥出自己的优势，做自己最擅长的事啊!"

小麻雀天生走起路蹦蹦跳跳的，学习孔雀走路，就显得不伦不类、美感尽失。倘若选择自己擅长的走路方式，也许在比赛中获得的名次会高于孔雀。在现实当中，很多人都在扮演着小麻雀一样的角色，总是东施效颦，结果却得到了相反的效果。

可口可乐公司首席执行官布里安·戴森说过："不要总拿自己的劣势与别人的优势相比，从而造成你失去了自信，并贬低你自身的价值的结果。正因为人与人之间存在着差异，我们每个人才各有所长、各有所为，也就是人们通常所说的各有千秋。"优势或劣势往往把我们弄得迷失了方向，但当我们真正静心来分析时，最后就能发现奥妙。

如何才能杜绝"小麻雀现象"，找到自己的优势呢?

这需要我们善于观察，了解自身的情况。有时候，在遇到"当局者迷，旁观者清"的情况时，我们不妨去询问他人，找到自己的优势、优点究竟是什么，之后再在优势中选出最擅长的一项去做。就像体育运动员们，打篮球需要高个子，踢足球需要中等个子，用观察去发现自己的优势，最后再选择发展项目。

其次，还要进行对比选择。有些人的发展很平衡，那么自身优势就很难凸显出来，我们应该培养自己最特别的优势，最后将长处发挥出来。就比如明代著名的医药学家李时珍，他在年轻的时候曾经考了3次举人，结果均是落榜。于是，他就去发挥自己在医学上的才能，经过后天的学习，最终成为悬壶济世的大医者，更是写出了流传千古的医药学巨作《本草纲目》。

有一个穷困潦倒的青年经常吃不饱、穿不暖，过着朝不保夕的日子。有一天，他流浪到了巴黎的街头，在巴黎，他希望能够找到父亲的朋友，帮助他寻找一份可以谋生的职业。

于是，青年父亲的朋友问他：“你精通数学吗?”

青年摇头。

“那你精通历史和地理吗?”

青年还是摇头。

“那法律呢?”

最后青年窘迫地垂下了头。父亲的朋友接二连三地发问，青年一直都是摇头，他发现自己居然一点儿优势都没有。

“那你把你现在住的地址写下来吧。”青年父亲的朋友无奈地摇了摇头。青年写下了自己的地址，但是却被父亲的朋友拉住了。

“你的字写得很漂亮，这就是你的优点啊。你不应该只满足找一份糊口的工作。”

数年之后，青年果然写出了闻名世界的经典巨作，而这个青年就是法国18世纪的著名作家大仲马。

每个人都希望自己能够获得成功，然而成功的路却往往不同。成功者通常都不在于他们能力的多样化，而是在于他们是否找到了属于自己的优势，是否发挥了自己的优势，这就是成功者的一般规律。

发挥自己的优势、做最擅长的事儿，凡是拥有智慧的人都会选择这样去做，而没有选择的人，很有可能被迷障遮住了双眼，但这也只是短暂的。我们要善于发现自己的优势、激发自己的优势、强化自己的优势、发挥自己的优势。这就是成功的支点，更是我们安身立命、建功立业的基础。

5.高目标决定高追求，相信自己能更好

我们都说："心有多大，世界就有多大。"一个人的眼光有多么高远，看到的山河就有多么宽广。"坐井观天"的故事人人皆知，青蛙一直住在井内，它就认为自己看到的天空是最广阔的，但走出井底就会看到，天空广阔得让它难以想象，与小小井底看到的世界简直就是两重天。同样，每个人的目标都不相同，有高低、大小、难易之分。如此，在追求上也会有差别，因为高目标决定高追求，但前提是要相信自己。

自信是决定成败的关键因素之一。

李斯是秦朝时期著名的宰相，他辅佐秦始皇统一了全国，并且提出了很多的政策，立下了汗马功劳。可是很少有人知道，李斯年轻的时候只是一名小小的粮仓管理员，他之所以会立志发奋，居然是从一次上厕所的经历中得到了启发。

那时候，李斯 26 岁，是楚国上蔡郡府内一个看守粮仓的小文书。他的工作就是负责仓内存粮的进出登记，他一笔笔地记录粮食的情况，十分认真。

日子就这么一天天地过去了，李斯不能说完全在浑浑噩噩地过着，但是也没有觉得日子有什么不对的。直到有一天，李斯肚子疼，他跑到粮仓外的厕所里解手，他看见一群老鼠，由此引发感想，最后改变了人生目标和追求。

李斯刚进厕所，尚未解手的时候就惊动了厕所里的一群老鼠。这群老鼠在厕所里面安家，一只只瘦得皮包骨头，它们探头缩爪、皮毛灰暗、又脏又臭，看着就让人恶心。李斯看了这些老鼠后，忽然想起了自己管理的粮仓中的老鼠，那些老鼠一只只吃得脑满肥肠、皮毛油亮，在粮仓中活得逍遥自在，与眼前的老鼠相比，简直是一个天一个地。

李斯觉得，人生如老鼠，在粮仓的和在厕所的，位置不同，而命运就不相同。李斯觉得自己在上蔡城的小仓库内一做就是8年，从没有出去看看外面的世界，所以决定换一种活法。第二天的时候，他就走出了待了8年的小城，去投奔一代儒学大师荀况，开始找寻属于自己的道路。最终，他获得了秦始皇的赏识，位居宰相之职。

在我们的生活中，大多数人都没有明确的目标和追求，或者说没有为自己的目标和追求付出努力和行动。生活浑浑噩噩，最终埋没了很多的人才。如果李斯不改变自己的目标和追求，或许他现在还是一个无名之辈，怎么也不会成为一个一人之下万人之上的宰相。李斯为自己定下的目标很高，那么追求自然也就越高，因为高目标决定高追求。

当然，在为自己定下目标和追求的时候，一定要相信自己，自信是维持目标和追求的动力。就好比是信念与动力之间的关系，一个人的信念越高，那么他的动力就越大，但如果一个人心如死灰，毫无信念可言，那么他的人生只会浑浑噩噩，前景将一片黑暗。

有一个老人在山林里面捡到了一只奇怪的小鸟，这只小鸟看上去和刚刚满月的小鸡一样大。于是，老人就把小鸟带回家给自己的小孙子们玩耍，而这只怪鸟也由母鸡带养着，和其他的小鸡混在一起。

怪鸟一天天地长大了，最终人们发现那是一只雄鹰。人们担心雄鹰长大后就会吃掉鸡，所以他们强烈地要求，要么杀了那只鹰，要么将其放生，让它永远别再回来。老人一家看着雄鹰长大，自然舍不得杀了它，于是决定将鹰放生，把它放归大自然。老人一家尝试了很多方法，不管把雄鹰放在什么地方，没过几天它又会飞回来。老人无奈，于是就驱赶它，甚至把它打得遍体鳞伤，可是都没用。最后，老人才明白，雄鹰不愿意离开，是因为眷恋它从小长大的家，舍不得温暖的窝。

后来，村内的一位老人说："你把鹰交给我吧，我会让它重回蓝天，永远远不再回来。"于是这位老人就将雄鹰带到了附近一个最陡峭的悬崖绝壁上，之后就将雄鹰狠狠地向悬崖下扔去。那时雄鹰就如石头一般坠落下去，等到快到崖底时，它猛地展开了双翅，托住了身体，缓缓地滑翔，然后轻轻地拍起翅膀，飞向了天空。它越飞越高，越飞越远，逐渐变成一个小黑点，永远地飞走了。

雄鹰原本是就是野生的，它天生属于大自然，如果一味地过着安稳的生活，就会像小鸡一样放松自己，变得毫无目标可言。我们需要有目标、有追求，这样才能展翅翱翔，享受成功的喜悦。当然，也要给予自己信心，如果雄鹰没有给予自己信任，那么最终它面临的就是摔死。

美国通用公司的董事长罗杰·史密斯能够有如今这般的高度，除了有高目标和高追求外，此外就是有信心。英格丽·褒曼是一位享誉世界的电影明星，她的成功与信心也是息息相关的。她在日记中写下这样一段话：“我相信有一天，我会站在奥斯卡剧院的舞台上，观众坐在那里，佩服地看着新的萨拉·伯恩哈特（当时著名的法国女演员）。”

我们要成功，就必须给自己设定高的目标，并不断地去为之奋斗和追求。同时也要不断地告诉自己，自己可以做得更好，给予自己信心。

6.人要有梦想，不要为了赚钱而工作

一些刚走出校园的年轻人或多或少会信心满满，给予自己很高的期望值，认为自己一开始工作就该得到重用，并获得相当丰厚的报酬。但是事实上，有时候因为缺乏工作经验而无法委以重任，薪水自然达不到预期的高度。于是，便能经常听到许多抱怨的声音，抱怨社会的不公平。

那么，造成这种现象的原因是什么呢？原因就在于人们对于赚钱的理解。有人是为了赚钱而工作，而有人是为了理想而工作。两者在心理上就有很大差别，前者会觉得工作累、没自由，就如同一个机器人一般；后者则会觉得工作愉快、身心愉悦。所以，人要有理想，不要为了赚钱而工作。

一个人如果只为赚钱而工作，那么就没有高尚的目标，这是一种不好的人生选择，时间越长，越会被利益蒙蔽了双眼，最后受伤害的还是自己。工作的目的不仅仅是为了赚钱，它也是一种个人能力的提升，因为工作而实现个人理念，这比赚钱更加实在、有意义。

亚尔维斯是一个器械推销员，并且拥有聪明的头脑，但是他的心很大，不满足一直做推销的工作，他的心中一直有一个理想，就是希望成为一个高收入的证券经纪人。但是对亚尔维斯来说，这不是一件容易的事儿。

当前社会经济不景气，亚尔维斯的医疗器械很难推销出去，没钱的日子让一家人过得很痛苦。终于，亚尔维斯的妻子莉莉再也无法忍受艰苦的生活，决定抛弃丈夫和3岁大的儿子，独自离家出走了，从此，亚尔维斯与儿子相依为命。

亚尔维斯因为拖欠房租，最后房子被东家收回。无奈之下，亚尔维斯只能带着儿子在地铁内的卫生间过夜。虽然生活穷困潦倒，但是亚尔维斯并没有放弃成为证券经纪人的梦想。最终，在他的坚持和智慧下，他打动了一家证券公司的经理，成为了20个实习生中的一个。这对亚尔维斯是一个千载难逢的机会，同时也是一个巨大的挑战，因为在实习期间是没有工资的，而在这20个实习生中也只能留下一个。这就意味着亚尔维斯要想留下来的话，那么他与儿子的生活会更加难熬，再来，如果公司没有留下他的话，那么自己所付出的时间和精力都会白费。即便如此，亚尔维斯还是没有放弃自己的梦想，即使没有薪水，他也一定要坚持。

于是，亚尔维斯每天背着四五十斤的医疗器械四处奔波推销，下班后再到收容所去排队，寻找一个可以住一晚上的地方。由于亚尔维斯的努力，他最终成为了一名高收入的经济师。那一刻他激动不已，瞧见儿子的时候，他飞奔过去，并流下了幸福的泪水。

正如我们所见，亚尔维斯在走投无路、穷困潦倒之下，他选择了没有工资的实习生工作，这对他来讲需要莫大的勇气。好在亚尔维斯是一个有理想、有抱负、有追求的人，最终闯出自己的一片天地。

目光长远的人往往都看重在工作中的追求，而目光短浅的人，相对看重的是工作报酬。有人可以升职加薪、平步青云，而有人一直停滞不前、碌碌无为。原因就在于，为了自己理想而工作的人，他们的骨子里往往会多出一份干劲和一份热情，凡事都想做到最好。而只为赚钱而工作的人，只想着快点儿完成工作，在职位上平庸无奇，最终被老板给遗忘。

大卫和约翰在同一个工厂的车间工作，每当下班的铃声响起的时候，大卫总是第一个换下工作服冲出厂房。而约翰不一样，他总是要忙到最后一个才离开，在做完自己的工作之后，他总是要在车间里走上一圈，在确定没有任何问题后才关上大门。

有一天，大卫突然对约翰说道：“你知道吗？有时候你会让我们觉得难堪。”

约翰迷惑不解，他问道：“为什么这样说呢？”

大卫说道：“老板总是觉得我们不够努力，原因是因为你太努力了。我们每个月不过就拿几百美元的工资，你何必那么拼命呢？”

约翰想了一下说道：“没错，但是我不是为了薪水而工作的，我只是为了自己的理想。”

在当今社会中，大卫的形象是很多年轻人的缩影，工作对他们而言是为了获取报酬，最终是为了生存。他们没有理想可言，纯粹是为了赚钱而工作。事实上，对于一个员工而言，工作的目的不仅仅是为了薪水，更多的是为了提高个人能力，那是向企业、向社会证明自己的一种方式。约翰去工作，可以说完全脱离了薪水的范畴，他是为了个人的梦想而工作，是对工作负责任的表现。

梦想是支撑一个人灵魂的源泉，有梦想，灵魂才会强大，这样你才不会因为芝麻大小的事儿被打倒。梦想是一个五味瓶，它让人们不会因为工作的乏味而变得无趣；梦想是一条彩虹桥，它是生活与工作的真谛。

7.跳槽并不可怕

“人往高处走，水往低处流。”这是自古不变的道理，这些往高处走的人无疑是希望能有一番机遇。但是也有人安于现状，在同一个岗位待上几十年的时间也不会觉得腻烦，这一类人追求的是安逸的生活，他们害怕跳槽。但是，跳槽真的那么可怕吗？

有人这样说道：“没有跳过槽的人，那么在职场就不是一个成熟的人。”所以，对于跳槽，不要觉得它很可怕。跳槽后面临的可能是新的机遇，很有可能让你以后的生活变得多姿多彩。当然，对于跳槽也需要把握好时机，用一颗明镜般的心去判断自己是否值得跳槽，做到审视适度。

老张是中文系的，毕业后，他进入了北京一家大型的国有企业，他的工作内容就是负责企业内刊的编辑工作。大家听说后，都觉得老张找到了一份比较不错的职业，起码以后是衣食无忧，这对飘忽不定的上班族来说是梦寐以求的事儿。但是，老张对自己的工作并不满意，他认为，目前的单位就好比是一个围城，现在的工作完全没有挑战性。

就在这一时期，公司受到宏观调控的影响，业绩下滑，企业需要裁员。而这个时候，老张反而不想辞职了，因为他意识到自己工作的含金量，开始转变工作态度。虽然他的工作基本上都是抄抄写写，但他却认真地对待每次的抄写任务，了解相关知识并仔细调研，努力把稿件写得更精彩。因为认真，所以工作起来十分带劲，老张也越来越热爱自己的工作了。

老张在闲暇的时候，还利用节约的时间写一写稿件，尝试着自己去投稿。因为心态变了，所以老张做起事来变得不同凡响，跳槽的事儿早就被他抛到九霄云外去了。

对老张而言，他考虑过跳槽，但是在分析现实之后，发现跳槽是不可选的。因为审视适度，他改变了以往的工作态度，在职场上发挥出属于自己的潜能。老张只能代表少数人，因为有些人忙着跳槽，没有分析好跳槽后的前景，以至于混得越来越不如从前，悔不当初。

对当代的年轻人来说，在跳槽之前需要做好充分的准备。对中年人而言，一定要慎重看待跳槽后给自己带来的利与弊，不能因为一时冲动而陷入万劫不复的地步，因为这个世界上没有后悔药吃。

企业的发展与员工的情况可以说是一种平衡的关系，两者之间相互促进、共同发展。如果企业的成长速度快于员工的进步速度，那么员工就有可能被企业淘汰，如此只能不断地去学习、不断地去适应；如果员工的水平超过了企业的发展，那么企业就会出现一股无形的限制，阻碍员工成长壮大。既然这样的话，选择跳槽是最好的办法。

小爱今年大学刚刚毕业，去了一家已经上了轨道的销售公司做起了业务员。这家公司的员工处于一个饱和的阶段，管理人员都很年轻，不到30岁，并且工作努力，业绩不下。小爱一开始进入后信心满满，两年过后，她的职位没有变动，依旧是一个小小的业务员。

小爱觉得自己处在了一个无底洞中，对自己的前途毫无希望。企业无法给予她前途，更何况是自己的未来呢？那简直就是痴人说梦。无奈之下，小爱辞职了，之后，她找到了一家刚刚起步的销售公司，从底层做起，没过几年，公司发展起来了，而小爱也成了公司的元老，享受着公司的股份。

有过工作经验的人都知道，工作中往往会存在一个瓶颈期。在这个阶段，能力似乎停滞不前，甚至还会倒退。此时，可以通过学习充电的方式来充实自己；也可以通过释放压力和情绪的方式，暂时让自己减轻压力；倘若两者都不奏效，那么势必要考虑跳槽了。有句话叫做“强扭的瓜不甜”，如果没有耐心在一个岗位上待上一辈子，那还不如趁着年轻去找寻真正属于自己的岗位。

惠普的前任总裁孙振耀曾经指出，外企员工发展的最大瓶颈问题就是：外企公司很多白领都在25到35岁之间，40岁以上的员工很少。

孙振耀说：“如果遇到发展瓶颈后，首先就要静下心来仔细考虑。如果认可当前状态，并且可以耐心干到退休的话，那么就可以选择留下来。如果发现自己不安于室，骨子里还有创业的激情，那么跳槽便是你最合适的选择。”

去工作是为了获取相应的报酬，而在现实当中，我们时常可以听到“挖墙脚”这类的词语，这类人跳槽可以说是为了薪水、权力、职位等等。

小王在一家公司待了7年，即便自己为企业做出了很多的贡献，但是职位却一直没有上升，就连工资也没有上涨。小王对企业十分失望，一直考虑着要不要离开岗位，去寻找属于自己的道路。

后来，有一家同行业公司的高层人员找到了小王，该公司的领导十分欣赏他，并且应允了高职高薪的条件。后来，小王果断跳槽了，为新的公司去奋斗了。

当然，也有人因为薪水而跳槽，结果却获得了相反的效果。就比如一个人在公司准备提拔他的时候向公司提出辞职，原因是另外一家公司出高薪聘请，但去了半年之后，那家公司却因为管理不善破产了，最后使他悔不当初。跳槽就好比是在挖井，泉水就在脚下，关键要看有没有耐心。倘若脚下5米处有一处泉水，有些人挖了两米就放弃，有些挖了3米或者4米也放弃了，很少有人坚持挖到5米。这样浪费时间和精力，最后什么也没有得到。

不论你跳槽的理由是什么，一定要谨慎而行，不能因为心血来潮而去跳槽。最后钱没赚到，还白白浪费了你的时间和精力。

8.每天多做一点儿，就离成功近一点儿

“滴水穿石”、“愚公移山”、“精卫填海”的故事我们都听说过，它们告诉了我们一个道理：大工程不是一朝一夕就能完成的，它需要用时间和努力去堆砌，久而久之，就会达成目标。同样，成功也是靠着日积月累的努力完成的，只有每天多做一点儿，才会离成功近一点儿。

卡洛·道尼斯刚参加工作时，职务很低，但是他用了不到一年的时间，

就成为了企业的核心人物，担任了一家子公司的总裁。卡洛·道尼斯之所以能够迅速地升职，关键就在于每天多做一点儿事儿。

就如他自己说的："在我进入企业工作时，我就注意到，每天下班之后，所有人都匆匆忙忙地回家了，而老板杜兰特先生仍然留在办公室继续工作，到了很晚的时候才回家。因此，我决定下班后也留在办公室内。是的，没有人要求我这么做，但是我认为自己应该留下来，这样可以为杜兰特先生提供一些帮助。工作时，杜兰特先生经常找文件、打印等材料，最初都是他自己亲自做，很快，他便发现办公室内还有一个我，久而久之，我便成为了他的左右手。"

卡洛·道尼斯的成功不是偶然的，因为他日积月累地付出才换得了成功。当今社会，很多年轻人也会加班，但是一个月内几乎天天加班，又有多少人能够不抱怨呢？从现在开始，当别人下班的时候，请你不要急着马上离开，可以多做一些事情；当别人出去玩儿的时候，请你不要急着离开，可以多花一些心思，为接下来的事儿做安排。

古人云："人一之，我十之；人十之，我百之。"所以我们不应该害怕工作多、任务重。因为你担任越多的工作项目，你得到锻炼和学习的机会也会越多，你的价值就越高。永远不要说："这不是我分内的工作"、"凭什么我要做得比别人多"等等的话。因为，凡是公司和老板安排的事情都是我们的工作，你做了多少的工作，老板也会清楚地记得，在老板心中也会留下一个好的印象。如果你总是坚守自己那一亩三分地，坚持不多干，那么知识和能力也就无法拓展，永远得不到老板的青睐。所以，追求事业能够成功的人，他们付出的往往比常人多出许多。

上帝对每个人都是公平的，有的人会平庸一生，在历史的舞台上扮演着无足轻重的角色，很大一部分是因为他们缺乏内心的力量，不知要多付出一点儿。而那些极少数的优秀者，他们拒绝碌碌无为的生活，他们孜孜不倦地去追求，在别人休息的时候，他们总会去忙碌，最终登上金字塔的顶部。

小明大学毕业初入职场时，显得十分生涩。有一天，他吃完饭就遇到了老板，老板微笑着，并且随口吩咐道：“你能不能帮我订一份盒饭，或者让王主任给我带一份饭回来？”

对小明而言，这是老板给他的第一个任务，尽管带着几分随意，这也足以让小明兴奋不已，他赶紧给快餐店的老板打电话，可是盒饭已经卖完了。而公司的王主任已经出去吃饭了，手机还没带，所以一直联系不上。

小明十分紧张，不知道该怎么办，于是红着脸和老板说道：“老板，盒饭卖完了，王主任没有带手机，所以联系不上。”小明虽然没有受到老板的责难，但是他的心里很失落。这件事儿给了他深刻的教训，如果他灵活一点儿，也许给老板带上一份盒饭也不是什么难事。

小明工作3年后，他渐渐变得和别人不同，因为他接电话的方式和别的同事是不同的。像“没有”、“不清楚”、“不知道”这类话不再是他的常用语。他接电话时，会给对方提供更多的选择和信息，而不是把所有的时间都浪费在一个无法解决的困境当中。小明在一点点地变化着，他总是比别人多做一点儿，哪怕只是多说几句话，但是他总能够及时地解决问题。

有一天，老板找小明谈话，希望他担任客服部门总管的职位，因为老板相信他能够领导好公司的客服部门。

有一首歌的歌词是：世间自有公道，付出总有回报，说到不如做到，要做就做最好。付出多少，得到多少；付出越多，离成功越近，这是一个众所周知的因果法则。

当别人想放弃的时候，你多坚持一会儿；当别人走累了，你多走几步路。说不定就是因为这几步，你比别人更接近成功。

第七章

视野要讲宽度：换个角度，世界也许会随之改变

做人要有宽阔的视野，不能只看到眼前的利益，更不能贪图眼前的安逸，否则就会让生活进入一个死胡同。遇到问题，不能钻牛角尖，该放弃时就要果断放弃，该追求的时候也要毫不犹豫，换一个视角，换一种行动，得到的就是不一样的结局。

*1.*越在意别人的眼光，你的视野就越窄

有人活在一片有限的空间中，而有人却活在无尽的天空下，区别就在于他们是否在意别人的眼光。如果在意，那么视野就会狭窄短浅。

每个人都是独立存在的，所以各自的价值观不同，也就表示各自追求和珍惜的东西不同，倘若处处参照别人的模式，就会活在别人的世界中。我们应该保持做人的原则，虽然不能越过法律和道德的底线，但我们也不能被生活的条条框框给束缚住。我们不能太在意他人的眼光，如此的话不仅会活得不开心，还会让自己的视野会变得愈发狭窄。

有个画家，一直想画出一幅人人都喜欢的画。于是，他花去了好几个月的时间去创作，终于，功夫不负有心人，他拿着画好的作品去市场上，并且在画的旁边放了一支笔，还附有一则说明：亲爱的朋友，如果你认为这幅画有缺点，请赐教，并在画中标上记号。

画家晚上取回画时，发现整幅画上几乎满是记号，没有一处不被指责。画家心里很不愉快，对这次的尝试感到失望。

幸好，这个画家是个乐观的人。第二天，他决定换一种方法再去试试。只见，他又描摹了一幅同样的画去市场上展出。这一次，他要求每一位欣赏者都将其最为欣赏的妙笔上涂上记号。晚上，画家取回画时发现整幅画上都是记号。最后画家感慨地说道："我现在终于明白了，无论自己做什么，只要使一部分人满意就足够了。因为，有些人看来丑的东西，在别人眼里是美

好的。而一些看起来美好的，在别人看起来却是丑的。”

正如这位画家得出的道理一般，不论他的画有多么好，都会有人批评，这种矛盾的现象不能杜绝，只能去适应。如果一开始，这位画家听从了那些不好的批评，现在恐怕早已经放弃了画画，对自己失去信心。

就好比是小孩子学走路一般，起初的时候都会一步一跌倒，这是每个人必须经历的阶段。但是，如果有人对着孩子说：“你连走路都走不好，还谈什么跑呢？还是回家好好让妈妈抱着吧！”每个人都是在跌倒中学会走路的，如果在意别人的看法，在第一次跌倒后就不再学走路了，那这辈子是否就要在轮椅上度过呢？答案是否定的，一味地在意别人的看法，只会让自己的目光越来越狭隘，越来越短浅。

正如但丁说的：“走自己的路，让别人去说吧。”也如爱默生在一篇文章中写的：想要成为一名顶天立地的男子汉，就不能在意他人的眼光。

有一个叫做爱丽丝的女人，她十分喜欢弹奏钢琴，每天都会抽出一部分的时间来练习，尽管她的水平很一般。有一天下午，爱丽丝正在弹钢琴，她7的儿子走进屋子里说道：“妈妈，你弹得不怎么样啊！”不错，爱丽丝弹奏得的确不高明，只要认真学过琴的人听到她的演奏，都会退避三舍，不过爱丽丝并不在乎，多年来，她一直按照这个方式弹奏，并且弹奏得很开心。

爱丽丝对唱歌和绘画也有兴趣，但都是半吊子。从前，爱丽丝的缝纫技术很不高明，但是经过时间的沉淀，她的缝纫技术越来越好。爱丽丝在这些兴趣上，她的能力的确不强，但是她并不引以为耻，因为她不是为了别人而活。爱丽丝有两样东西做得不错，比如做饭和写作，她觉得，一个人能够有一两样做得不错的事就足够了。

做人做事最重要的是开心，不要在乎别人的看法。越是在乎别人的看法，就越会被束缚住自己的思想。爱丽丝在很多方面都不擅长，或者说是个半吊子，但是她并没有因为别人的看法而放弃自己的兴趣。所以，我们应该向爱丽丝学习，不要在乎别人的看法，也不要因为自己的不擅长而放弃原有的初衷。我们需要坚信自己的眼睛与自己的判断，久而久之，就会明白只有自己的看法才是最重要的。

那么，如何才能学会不去在意别人的看法呢？

首先，我们需要有独立的价值观。价值观是指一个人对周围客观事物的总评价和总看法，它包含了人、事、物。同时也有两个方面的表现，一方面是价值取向、价值追求，凝结为一定的价值目标；另一方面表现为价值尺度和准则，成为人们判断事物价值的标准。

个人的价值观确定了，就该需要相对的稳定性，不能因为环境和社会群体价值观念的影响而变动。当然，每个人在前进的过程中也可以去听取他人的意见或帮助，但是一定得是自己掌握大局。如果太在意别人的看法，就会成为他人意见的傀儡。就好比个人的思想是一条船，而他人的意见便是大浪，如此便会左右摇摆，陷入困境之中。

其次，要对自己有自信心。“自信心”是我们成功后的一种“良性情感”，同时它也直接影响着我们的成功与否。越是在意别人的看法，那么其自信心就越是薄弱。就好比穿衣服出门，明明是一件漂亮的衣服，而主人就是不敢穿出门，总觉得很丑。这就是缺乏自信心的表现，以至于让别人的看法主宰了自己。

长期缺乏自信心会变得没有主张，导致没有自己的思维和看法，眼光就会变得狭隘短浅，并且什么事都喜欢依赖别人，渐渐丧失在社会中竞争的能力。所以，不要太在意别人的看法，因为增强自信心才是最重要的。

再次，学会多层次面思考。当别人对自己所做的事情作出评价的时候，我们可以多去想想别人说的是否有道理。有道理的话就听取，没有道理的话就舍弃，不能单方面地去思考。

最后，不要太敏感，摒弃“对号入座”的心理。

有一位刚刚成名的作家参加一次宴会，这是他第一次参加这样的活动。相比于那些在商场上游刃有余的人来说，作家显得生涩、小家子气。于是作家身边的商人问作家：“你在害怕什么？”作家说：“我感觉有很多人在看我，我比较害怕。”商人又问：“为什么要害怕呢？他们又不能将你怎么样！”作家继续问道：“那我该怎么办呢？”商人说：“很简单，放松自己，不需要在意别人的看法，他们看的不是你，或许是你身边的酒杯、餐具呢？如果要是看着你的话，早就过来和你说话了，你说呢？”作家想了一下，果然是这样。

上面的例子中，作家的思想很局限，因为在意别人的眼光而显得紧张。有时候，别人提出的意见并不具有代表性，也没有针对性，所以当我们听到别人议论的时候，千万不要对号入座。

我们的生活是多姿多彩的，每个人都应该活出自己的风采。不要过分在意别人的言论和看法，那样只会让自己无所适从。有时候不妨勇敢、洒脱一些，走自己的路，让别人去说吧。

2.站高一些，望远一些

有一对父子去爬山，到了山顶后，父亲感慨山下的景色十分美丽，而儿子却一直在抱怨，既然山下很美，那又何必去攀登呢！但如果不站在山顶，又怎么能体会到山下的美景是如此的壮阔与美丽呢？这就是人们常说的站高一些，望远一些的道理。

人人都渴望欣赏美丽的景色，而美景往往在高处才能看到。当我们通过自身的努力站在最高处的时候，便能获得一个全新的视野。就好比井底之蛙跳出了水井，终于发现世界是如此之大，天外有天。

有一个成功的商人去海边度假，他碰到了自己从小到大的玩伴吉姆，这让商人十分激动。可是让商人沮丧的是，吉姆的生活很拮据。

吉姆有一艘自己的小船，船里面放着一些看起来很新鲜的大鱼，商人夸吉姆的鱼打得很大、很新鲜，并且问他捕到的这些鱼需要花上多少时间。

于是吉姆回答道："捕这些鱼花不了多长时间，我才驾船出海几个小时就能捕到。"

商人有些迷惑不解地问道："如此看来，你的捕鱼功夫非常好，那为什么不多捕一些鱼呢？"

吉姆一听便笑了："我为什么要捕那么多鱼呢？我需要用多余的时间做点儿别的事儿。"

商人又问："那多余的时间你都用来做什么呢？"

吉姆开心地说道:“我想做什么就做什么,我可以和自己的孩子玩耍;我可以帮助老婆做些家务;我可以每天晚上去村子里面和朋友们喝喝小酒、唱唱歌,一起高兴高兴。我觉得我现在的生活很美满,并且充实。”

商人摇了摇头,不赞成地说道:“我觉得你的眼光实在太短浅了。”他拿出了自己的名片,接着说道:“我可以帮助你,以我的看法,我觉得你应该每天多花些时间捕鱼,之后用赚来的钱换一艘大一点儿的船。不用多久,你又可以卖掉大船,再买上几艘船,最后你可以自己做生意。几年后,你可以开一家自己的鱼罐头厂,也许你会搬到更大的城市里生活,这样你就可以完全获得成功,并且不断地扩大自己的生意。”

吉姆想了一会儿,他继续说道:“这需要花上多少时间呢?”

商人忙着按计算机和在纸上做笔记,然后说道:“按照计算,大概需要15年到20年的时间。当时机对了,我会很高兴地给你建议,你可以把公司上市,然后出售你手里的股票。你就会变得很有钱,说不定可以赚上几百万,甚至是上千万。”

吉姆听完后不在意地说道:“老朋友,谢谢你给我的建议,如果你不介意的话,我想我还是省下这15年的时间,因为我现在的生活已经很好了。”

吉姆的生活之所以如此拮据,有很大一部分原因是他的目光短浅,甚至狭隘,只想着目前的状况,没有想得更长更远。因为吉姆不听从商人长远的建议,那么最终的结果只能是吉姆会越来越拮据。倘若吉姆听了商人的意见,或许几年之后,他就会住着小洋楼,过着餐餐有肉吃的生活。

站得越高,看得越远,这是自古不变的道理。就好比在山脚下,看到的只是一边一角,但是站在了山顶上,看到的将会是一望无边的画面,很有那种“会当凌绝顶,一览众山小”的感觉。像王之涣的《登鹳雀楼》中这样写道："欲穷千里目，更上一层楼。"意思就是，站的地方越高，看到的景色也就越多。从更深的一个层次来说，我们的思想要与眼光一致，需要同时到达一个高度。

在我们的周围，有些人活得很精彩，有些人则活得很平淡，关键就在于眼光是否长远。就比如一位画家开着一辆观光车，如果一直往前开，那么沿途的风景就转瞬即逝了，还有什么灵感呢？

有这样一个小故事，它告诉人们，为何需要让自己的眼观变得长远、高大。

在很久很久以前，一只龙虾和一直寄居蟹在海中遇到了。寄居蟹看见龙虾正在把自己的硬壳子脱掉，只露出娇嫩的身躯，于是寄居蟹非常紧张地说道："龙虾啊龙虾，你怎么能把唯一保护自己身躯的壳子给脱掉呢？难道你就不害怕被大鱼一口吃掉吗？以你现在的情况来看，海里小小的急流就能把你冲到海岩上去，到时候你不死才怪呢！"

小龙虾一点儿也不着急，它气定神闲地回答道："谢谢你的关心，但是你不了解，龙虾每次成长，都需要把自己的外壳给脱掉，这样才能长出更加坚固的外壳。将来面对危险的时候，发挥出来的作用就会比之前更甚，我这是在为自己的将来做准备呢！"

寄居蟹想了一下，觉得龙虾说得不错。它思量了一下，自己整天只知道找避居的地方，而没有让自己去成长，整天活在别人或别物的庇护之下，这种安全又能持续多长时间呢？

龙虾的目光无疑是长远的，它的退壳是为了以后的成长。在现实生活当中，我们也需要有如龙虾一般的眼光，不能被眼前的五颜六色给迷昏了眼，需要站得高、看得远。每个人都会有变得强大和向前走的雄心，那么就该有长远的打算和准备。只有未雨绸缪，才能在海浪来临之前处之泰然。

想要修炼出长远的眼光不是一蹴而就的事，需要我们平日里多多丰富自己的内心世界。

内心世界包括各种知识的存在，知道得多，才会看得长远。所以，这就需要努力地看书，汲取更多的知识，并且投身到实践当中，让自己更加强大起来。

除了丰富内心以外，态度和理想也是至关重要的。目光是否长远，不一定是说一个人有没有能力，而是指一个人对生活的态度。一个注重生活、对生活有理想的人，眼光必定是长远的。所以，要想修炼出长远高大的眼光，就必须先树立起自己的理想。

另外，我们还要多借鉴他人的经验。自己想事情、作决定，要尽可能想到一切可能的结果，不管做什么都要按照事物的发展态势来作出客观分析，不能只看到眼前的或只凭自己的主观臆断。有时当我们发现自己的不足后，就需要参照别人成功的经验来完善自己欠缺的方面。

一个人只有目光长远，方能笑到最后，就会摘取到胜利的果实。不论我们做什么事儿，或是在什么时候，都应该把自己的目光放长远些，顾全大局，以实现自己的价值。

3.不要为了眼前的利益而放弃长远的未来

春秋时期，范蠡是越王勾践的主要谋臣，他立下了很多功劳，为勾践出谋划策，帮助他指挥军事，灭了吴国，使越国称霸中原。范蠡深知“勾践为人，可与共患，难与处安”的道理，为了避免“鸟尽弓藏，兔死狗烹”的命运，他主动弃官经商，并改名换姓为陶朱公。正是因为范蠡不为眼前利益，才得以善终，并在商业界做出了一番成就。

古代永州人喜欢住在水边，他们擅长游泳。有一天，河水突然暴涨，有五六个人乘着小船横渡湘水，可船刚划到江水中心的时候却突然漏水了，就在船快要沉下去的时候，人们纷纷泅水逃生。

其中有一个人拼命地划水，但是却没有以前游得快了，于是他的同伴就问道："你平常的时候水性极好，今天怎么落在最后面了呢？"

"我腰里缠着千枚铜钱，分量很重，所以落在最后边了。"那人气喘吁吁地说道。

同伴连忙劝阻道："那为什么不把钱扔掉呢？"那人不回答，只是摇了摇头。过了一会儿，那人便觉得精疲力竭了。已经上了岸边的人向他呼喊道："你真是太死心眼、太糊涂了，人都快要淹死了，还要钱做什么呢？"那人还是摇头，就是不愿意将腰上的钱扔掉，最后，他淹死在水中。

这则《吾腰千钱》的故事出自唐代诗人柳宗元之手，主要讽刺了爱钱甚于命的那种人，启发了我们要正确地处理"眼前利益"和"长远利益"。故事中的人爱财入迷，他没有想到两点：一点是，如果他丢了钱，自己便可以活下来，以后可以通过努力赚取更多的钱；另外一点是，如果他不丢掉钱，那么就会断送自己的命。

钱没有了可以再赚，但是命没有就什么都成了空话。眼前的利益只是暂时时的，我们必须要做长远的打算，不要因为眼前的利益而固执，最后因小失大。

当我们在面对各种选择的时候，不能只顾眼前的利益，必须把目光放长远些，考虑更周全些，如此才有未来。这样一则小故事，它显示了只顾眼前利益的恶劣性。

一个人目标高远，但也要面对现实的生活。只有把理想和现实相互结合起来，才能造就出一个成功的人生。有时候，一个简单的道理就足以给人意味深长的启示：不要因为眼前的利益而放弃了未来。

有这样一个小实验，如果把鸽子放在屋子里的话，那么鸽子就会拼命地撞向玻璃，它们渴望飞到蓝天之下。鸽子不会因为一次、两次的失败而放弃，它会坚持不懈，哪怕遍体是伤。其实，屋子旁边的门是开着的，只因那边看起来没有亮，它才一直兜兜转转。鸽子因为太心急，只顾着眼前的利益，最终得不偿失。

在青黄不接的初夏，粮食十分短缺，有一只小老鼠因为饥饿不得不外出觅食。它无意间发现了一个盛有大半缸米的米缸，老鼠想也没想就跳了进去。这香喷喷的大米对老鼠来说无疑是天上掉馅儿饼，它警惕地环顾四周，确定没有危险后就狼吞虎咽起来，吃饱后倒头就睡。

老鼠在米缸里吃了睡，睡了再吃，日子过得很是惬意。不知不觉，半个多月过去了，而米缸的米剩下的高度刚好够老鼠跳出去。老鼠也为此作出了心理斗争和痛苦的抉择，它始终放弃不了眼前白花花的大米。直到有一天，米缸见了底，它才发现以目前的高度想跳出米缸是不可能的了。

没有了大米，老鼠没过几天就饿死在了米缸内。

这是一个典型的只顾眼前利益而放弃长远利益的例子，小老鼠用自己的生命作出了阐释。我们也许会嘲笑老鼠的愚蠢，如果早些跳出去不就能溜之大吉了吗？有时候，人也会犯下与老鼠一样的错误，因为放弃不了眼前的诱惑而丢失了本性。人生的哲理就像老鼠贪吃一样简单，因为只看眼前利益，不顾长远利益，失去的反而更多。

有这样一个普遍的现象，社会上的很多无良商家为了能够赚到大钱，于是便制假造假，以次充好来欺骗消费者。但是久而久之，现实就会被揭露出来，最后公司就会破产、吃官司、坐牢等。由此说明，我们不能只顾着眼前的利益，而是需要从长远的角度思考。

《螳螂捕蝉，黄雀在后》的故事大家都知道，它给了人们很多启示，其中就有眼前利益服从长远利益的道理。

吴王是一个专政专横的人，他的脾气很倔强，想要在一件事情上说服他更是难上加难。有一次，吴国准备攻打楚国，他便召集群臣，宣布要攻打楚国的消息。可是，大臣们都不同意，因为吴国目前的状况很不佳，不仅没有雄厚的实力，人民的整体素质也不佳，所以当务之急是富国强民。

大臣们都明白这个道理，但是没有人有胆量去劝服吴王，生怕说得不好就招来杀身之祸。有一位侍从心中很不安，他想法子要说服吴王，终于皇天不负有心人，机会来了。

这一天，吴王在花园内散步，他看到一位侍从正死死地盯着树枝看，手里还拿着一把弹弓。吴王很奇怪，他走近询问，侍从才回答道："我刚才看到了一只蝉在喝露水，然后一只螳螂正悄悄地靠近蝉，螳螂没有发现，其实螳螂的后背还有一只黄雀在瞄准着它。不过黄雀更想不到，它的背后还有一个拿着弹弓的我。"

吴王听后，顿时醒悟，他打消了攻打楚国的念头。

吴王身边的这位智者不仅有一颗爱国的心，更拥有聪明才智，他利用

《螳螂捕蝉，黄雀在后》的故事告诉我们：假如做事情一味只顾眼前的利益，那么身后将会潜伏很大的祸患。

利益能够对人的心理产生潜移默化的影响，有些人利欲熏心，常常被利益蒙蔽了双眼，最终得不偿失。只要放弃眼前的利益，为长远利益做打算，才能掌握大局，立于不败之地。

4.不做井底之蛙，有梦就要去追寻

如果被问及“你是井底之蛙吗?”相信很多人都会说：“不！不是!”天地广阔，知识无边，我们的世间有千千万万个道理，也有千千万万处风景，但真正见识过、听闻过的又有多少呢?新生事物层出不穷，世界的发展日新月异，即使插上翅膀翱翔天空、俯视大地，看见的也只是冰山一角。

每个人都拥有自己的梦想，有些人的梦想很伟大，有些人的梦想很渺小，但是他们至少跨出了第一步，不再做井底之蛙。梦想是支撑航程的动力，有梦想就该去追寻。比尔·盖茨在IT领域创造出了一个奇迹，这就始于他对梦想的追寻。

有两个男孩子，他们都是哈弗大学计算机系的高材生，两人在计算机上非常有天赋，并且都喜欢学习。两个男孩子最大的差别是，一个谨慎保守，另一个敢于追求。

在大学二年级的时候，两个人各自选择了不一样的人生道路。一个男孩子还是跟在导师后面努力地去学习和研究；另外一个男孩子选择了退学，准备去开发当时被视为只有大四学生才能做出来的32Bit财务软件。

几年之后，一个男孩子成为了哈弗计算机系的硕士研究生，另外一个进入了美国《福布斯》杂志的亿万富豪排行榜。后来，在硕士研究生拿到学位时，亿万富豪已经成为了美国第二富豪。

1995年，当取得博士学位的男孩自认为已经具备了研发32Bit财务软件的时候，另外一个男孩子已经研发出比其快1500多倍的EIP财务软件，成为了那一年的世界富豪。

选择自己创业、不甘愿成为井底之蛙的男孩子就是比尔·盖茨。

比尔·盖茨和另外一个男孩最大的区别就是谁对梦想的追求最强烈。另一个男孩的确有能力，但是如井蛙一般待在水井里，如此，他的世界和知识又怎能丰富起来呢？而比尔·盖茨跳出了井底，他见识到了广阔的天空，为了自己的梦想，他坚定不移地去追求，最终成为了世界首富，成为了IT行业的龙头老大。

有梦想不能等待，拥有梦想的时候就应该拿出勇气和行动，不要让梦想如烟云一般，过去了就烟消云散、昙花一现。假如比尔·盖茨等自己完成学业后再去创办微软，也许今日的世界首富之名就要改写了。

曾经有位哲学家说过：“一个人视野有多大，他的梦想就会有多大。”梦想是每个人的精神支柱，它是人们面对生活的源泉和动力。

在美国洛杉矶一个简陋的小屋子里面住着一个15岁的腼腆少年，他名叫约翰。约翰在家中的桌子前做着一些生物学家庭作业。这时，他隐约听见屋子隔壁的朋友说：“假如让我再回到约翰的年纪，我干的事儿就大不一样。”

约翰听到这句话，他幼小的心灵受到了触动和启发，他在活页本上写了

"我的终身计划。"约翰花了5个多小时，一口气写下了127个梦想。比如，探索尼罗河、登上珠穆朗玛峰、驾驶飞机去北极、读完莎士比亚以及柏拉图等十多个大师的名著等等。为了实现这些梦想，约翰会在他的小本子上写好周计划和月计划。他每周都要称体重、清理衣橱、分析食谱、自我检讨等，每天早上都会花时间去锻炼身体，保持一个健康的状态。

每当约翰完成一个目标后，他都会在目标旁边画上一个代表成功的红色标志。等到约翰60岁的时候，他已经完成了127个目标中的108个。例如他的第40个目标是驾驶飞机，他后来驾驶过46种飞机，其中包括时速达到1500英里的F-111战斗机。他把自己实现第一个目标的经历写成了一本名书，叫做《漂下尼罗河的皮划子》，这本书十分畅销。

约翰的目标有很多，或许在平常人的眼中，他的这些梦想有很多是难以实现的，而他却凭着自己的毅力，不断地完成自己的梦想。我们常说："有志者，事竟成。"当我们还年轻的时候，就该树立起理想与目标，把梦想一步步地列出来，并全力以赴，最终获得惊人的结果。

新东方董事长俞敏洪所说："每一条河流都有自己不同的生命曲线，同样每一条河流都有自己的梦想，那就是在转弯处奔向大海。我们的生命有时候是泥沙，你可能慢慢地就会像泥沙一样沉淀下去了，一旦你沉淀下去了，也许你不用再为了前进而努力，但是你却永远也见不到阳光了。"

这是一个追求梦想的时代，当定下一个梦想的时候，就要有足够的胆量和勇气，不要被小小的障碍停滞住脚步，更不要满足于现状，而是需要不断地寻求超越。潜能激励专家魏特利曾经说过这样一句话："在开发潜能的时候，没有人会带你去钓鱼。"这是什么意思呢？

魏特利在少年的时期就学会了自立自强，有一次，朋友约他在星期天的下午去船上钓鱼，魏特利兴奋不已。拥有一条属于自己的船是他一直以来梦寐以求的事儿，不过他却没有条件靠近一艘真正的船。

魏特利回忆道："那个星期六的晚上，我衣服没有脱就睡了。为了保证不迟到，我连网球鞋也没有脱掉。我在船上一直无法入睡，幻想着海中的石斑鱼们在天花板上游来游去。到了清晨3点，我便走出卧房门口，准备好该带的渔具，并且还在鱼竿轴上抹了润滑油，带了两份花生酱和果酱三明治，4点的时候，我准备出发了。钓竿、渔具、午餐、我的热情，我全都准备妥当后，就坐在自己家门外的路上摸黑等待着我的朋友出现。但是我的朋友失约了，那一次，我便下定决心要自强自立，为自己的梦想而努力奋斗。"

魏特利没有因为朋友失约而对人性的真诚失望，他没有自暴自弃，也没有爬回床上生闷气，或是懊恼不已，他跑到附近的小货摊上花光了所有帮人除草赚来的钱，买了一艘单人橡胶救生艇。到了中午时分，他将橡皮艇吹满气后顶在头上，里面放着渔具。到了海边，他摇着桨入水，假装启动的是一艘豪华大游轮。后来，魏特利钓到了鱼，享受着自己准备好的三明治，并且喝了一水壶的果汁。魏特利说："这是我一生最美妙的日子之一，是我生命中的一个大高潮。"

魏特利经常回忆那天的光景，并且总结了经验，他说："只要鱼儿上钩了，那么世界上就没有任何值得烦心的事儿了。而那天下午，鱼儿的确上钩了。所以梦想不是靠他人带着自己去完成的，对我而言，那天去钓鱼是最大的希望，所以我立即着手准备和设定，并且使得愿望完成。即使付出了很大的代价，我也不后悔。"

魏特利没有因为朋友失约而放弃自己的追求，也没因为船只的问题而暂停自己的梦想。虽然最后花光了他所有的积蓄，但是得到的却是一次美好的体验。梦想就好比是一对翅膀，插上去才能翱翔。在人生的不同阶段，都会有不同的追求和想法，就比如小时侯吃一块蛋糕都可能成为一个梦想，而成年后，追求的东西更多、更广阔。

人生因为梦想而变得丰富多彩，所以不要再做一只井底之蛙，跳出狭窄的井底，做一只追求梦想的雄鹰吧！

5.看准目标，更要学会积极规划

目标就是一颗北极星，它能够指引人们前进的方向，不过要想在前进的道路上不走弯路，就更要学会为目标做出积极的规划。

当今社会是一个高速发展的社会，我们在社会中经常看到一些人忙得天昏地暗，那是因为他们空有目标，而没有对目标做出规划，以至于总是事倍功半。有调查显示，很多成功的商人对自己企业的发展都会设定一个目标，并且做出具体的规划，如此才能凸显出发展。软银集团的孙正义就是一个典型的例子，他不但有目标，更有一个长远而积极的规划。

20世纪，软银集团总裁孙正义成为全世界最疯狂追逐互联网的新贵。在不长的时间里，就身价数百亿，直追全球首富。孙正义之所以能够成功，这和他23岁那年发生的事情有关，他花了一年的时间赢得了一生。

1957年8月，孙正义出生在日本佐贺县一个中产阶级家庭。他的祖父从韩国的大邱迁徙到了日本九州，之后先做矿工，然后务农。父亲靠着卖鱼、养猪、酿酒等为生，日子慢慢变得富裕起来。孙正义自小就有超强的领导力，而且做事情很有计划和头脑。

孙正义23岁的时候，他花了一年的时间来想自己将来要做些什么，他把自己想做的40多种事儿都列出来，然后进行了详细的市场调查，并且做出了10年内的预想损益表、资金周转表和组织结构表。40个项目的资料堆砌起来有10多米的高度。然后，他又列出了25项选择事业的标准，包括该工作是否能使自己全心全意地投入，保质期限为50年，还有在10年内是否能够成为全日本第一。按照这些标准，他给自己的项目打分排队，其中计算机软件批发业务脱颖而出。

孙正义在几十米厚的资料中作出了事业选择，他的目光放在了几十年之后，这样的选择和思考都表现出他缜密的计划，注定了他走在商业道路的顶端。

孙正义的规划是周密完整的，他是成功商人的典型代表。很多企业家都会在瞄准目标后，然后再积极地规划，最后付出实践，顺着自己规划好的道路走，以免在发展的过程中误入歧途。

在作出规划的过程中，不能随随便便地去规划，需要考虑很多因素，比如现实的发展和规划中是否有冲突、是否实事求是等等。考虑这些因素的话，就能在很大程度上减少浪费精力和走弯路，在短时间内就能达到一个高度。

卡耐基对一个没有规划的人说过：“我们的生活就沙漏内的沙子一样，每天都有成百上千的工作，要想在一天内完成，不照着规划去做的话，到头来会一事无成。”规划就是按照自己的步骤去发展，有句话叫做“凡事预则立，不预则废。”这里的“预”说的就是一种预见性和计划性。

小张是一所名牌大学的高材生，他所学的是计算机专业。小张没有像其他应届毕业生那样面临找工作的困境，在他没有毕业的时候，就有一家大型的计算机外企公司向他抛出了橄榄枝，聘请他到公司的研发部门工作。另外，还有几家颇有实力的私营企业也表示愿意给他一个办公室，在薪水上不会比外企差。

小张没有匆忙地去选择，他认为再大的企业，如果没有办法给自己提供一份相对稳定的工作，而且还要在企业中面临着巨大的工作压力的话，自己也不会去选择的，因为他很担心自己适应不了。小张是名牌大学毕业，靠着自己的学历，他觉得自己完全有能力去政府机关部门找一份满意的工作，于是小张果断拒绝了邀请他去企业工作的人。

经过几番艰辛，小张终于在一家中央直属机关找到了工作。虽然是端上了“铁饭碗”，但小张一点儿也高兴不起来，因为他发现，在机关里面工作十分枯燥，没有乐趣可言，并且上头给予小张的工作是统计和整理数据，这与他学习的专业根本就是风马牛不相及的事儿，再来这种工作非常琐碎、累人。小张是思维特别活跃的人，脑子里经常有一些奇思妙想，但是在规章制度多如牛毛的单位中，他根本没有自己的发挥空间，完全就像是打发日子过。

没过多久，小张变得消沉起来，在工作上出现很多错误，经常被上级领导批评。在政府机构工作了几年后，原本计算机专业知识也都被忘记得一干二净，而且现在的工作也没有达到一个高度，更别说是成绩了。后来，在政府机关的一次人事调整中，他被迫下岗了。这时候小张才意识到自己当初的选择是多么的愚蠢。

小张想，如果当初自己选择职业的时候，不盲目坚信“铁饭碗”之类的话，对自己的将来作出一份合理性的职业规划，或许今天就不会如此落魄不堪了。

小张的遭遇是一个集体现象的映射，很多人因为贪图安逸的工作，使得自己的人生没有具体的目标和规划，最后的结局也会如小张一般，一辈子浑浑噩噩。小张一味地追求铁饭碗，忽略了自己当初上计算机专业的初衷，最后亲手将自己推入噩梦之中。

为人生选择目标和规划，这是发展中必不可少的一项。人生短短几十年，如果没有瞄准好目标的话，很有可能葬送自己的前程。那么，我们在制定目标和规划的时候，需要遵循以下几个原则：

目标和规划的明确性。有些人为自己作出了目标和规划，但是却是模糊的，让自己难以把握。目标和规划不明确，行动起来难度很大，不仅浪费时间精力，更是耽误了前程。生活中，有很多优秀的人都是因为目标和规划不明确，才导致一事无成的结局。

目标和规划的可行性。每个人的目标都是要根据自己的实际情况确定的，之后才能具体规划。在确定目标之前，需要考虑各种因素，保证目标和规划的可行性。

目标和规划的具体性。确定的目标和规划不能太广泛，就好比是盖一座大楼，如果空有目标，没有具体的实施计划，那么大楼永远也盖不好，即便是盖好了，里面的设施也不齐全，多做了许多无用功。所以，在制定目标和规划的时候，从细节入手，应该建立在具体的规划之上。

目标和规划的长远性。这里的长远性有两个含义，首先是指目标的长期性，成功的人都会有一个长期性的目标和规划，更有一个长期作战的心理准备。没有人是一帆风顺的，只有对自己的目标和计划保持一个永恒的心，才能有回报，同时也在无形中产生一股勇敢向前、不怕艰辛的动力。其次，对待目标和规划的眼光长远性，目标没有大小之分，但是却有着价值之分。只有远大的目标才会有崇高的意义，才能够激发出一个人心中的奋斗之火。

每个人都应该有一个属于自己的目标，并且对目标作出积极的规划，不能因为小小的障碍而退缩，或者是半途而废，这样不仅浪费了时间和精力，更是失去了人生的目标。

6.目光不要太短浅，学会多角度思考问题

每个人都有自己的眼光，思考问题的角度都不会相同，这就造成了思维差距。有些人的目标长远，那么回答问题的时候会考虑到方方面面；有的人目光太短浅，以至于在思考的时候陷入了一个死胡同中，无法自拔。

有个故事叫做《刻舟求剑》，它告诉我们，用静止的眼光去看待不断发展的事物，必然会出现主观唯心主义的错误，就是目光短浅的问题。

有一个楚国人，他要出门远行，在乘船渡过江的时候，一不小心把自己身上带着的剑落入了江水之中，江中水流湍急，船上有人大叫道："剑掉到水里面去啦!"

这个楚国人不慌不忙，他在小船的木板上做了一个标记，然后回头对大家说："大家不用着急，这里就是我的剑掉下去的地方。"

众人很是疑惑不解，他们望着那个记号，催促道："那还等什么？赶紧下去找啊。"

楚国人就说："着急什么？我都做了记号了，难道还怕找不到剑吗?"

船继续朝着前面行驶，有人急着说道："你要是再不下去找，这艘船就

会越驶越远，当心找不回来了！”

楚国人依旧自信地说道：“不用着急，不用着急，记号依旧在那儿呢！”

直到船靠近岸边的时候，楚国人才顺着记号跳进水里去找剑，可是，无论他怎么找，就是找不到。船上刻着记号表示这个楚国人的剑落下去瞬间的位置，但是船是行驶的，所以记号也会顺着行走，等到船到了岸边，记号和剑掉下去的地方已经风马牛不相及了。这个楚国人用上述的方法找剑，不是太过糊涂了吗？

他在岸边的水中白费了好一阵工夫，结果还是一无所获，还招来了众人的讥笑。

楚国人目光短浅，看待问题不从实际出发，没有从多个方面思考问题，假如他在剑掉入水中及时去捞起来，又怎么会闹出这样一个笑话呢？

有个楚国人，他有一颗十分漂亮的珍珠，他想把这颗珍珠给卖出去，为了能够卖个好价钱，他决定将珍珠好好包装一下，他想，珍珠有了高贵的包装，那么价格必定能更高一些。

于是，这个楚国人找来了名贵的木兰，又找来了一个手艺高超的木匠，为珍珠定做一个盒子，并且用香料把盒子熏得香喷喷的。他又在盒子外面雕刻了精细好看的花纹，还镶嵌上了漂亮的金属花边，看上去闪闪发亮，实在是一个不可多得的工艺品。最后，楚国人将珍珠小心翼翼地放在盒子内，拿到市场上去卖。

刚到市场不久，很多人都过来欣赏楚国人装珍珠的盒子。一个郑国人拿着盒子看了好久，爱不释手，终于出了高价把那个楚国人的盒子给买了下来。郑国人交钱后，便拿着盒子回去了，但是他没走几步，就又回来了。楚国人还以为郑国人后悔了要退货，没想到郑国人打开盒子，把里面的珍珠取出来交给楚国人，说道："先生忘记将里面的珍珠取走了，我是特地来还珠子的。"将珍珠交给楚国人后，那个郑国人便开开心心地离开了。

楚国人手里拿着珍珠，十分尴尬地站在原地，他以为别人欣赏的是珍珠，可没想到别人欣赏的居然是外包装，这令他哭笑不得。

郑国人只重外表而不顾实质，使他做出了舍本求末的不当取舍；而楚国人的"过分包装"也有些可笑。《买椟还珠》的故事无非是道出了拥有珍珠的人目光短浅，思考问题的时候只是从浅薄的方面入手，没有从多个方面思考。若说古人中目光长远的，孟子的母亲当之无愧。为了儿子能够好好地学习，她一共搬了3个地方，这才让孟子有机会成为"亚圣"。

我们每个人都有自己的价值观，所以看待每一种事物的眼光都不相同，但是一定要切记，要用长远的眼光去看待事物。当然，在陷入困境的时候，不要沮丧、不要妥协，因为人生不如意的事儿十有八九，如此只能用积极的眼光去看待失败，消除消极的方面，从多个方面去思考。

汉高祖刘邦曾经是一个不断失败的封建帝王，而他也正是在失败之后才重新站起来，最后走向了胜利，成为了汉朝的开国皇帝。在楚汉争霸那么多年里，汉高祖的胜利战绩不多，他的对手都忍受不了刘邦一直失败的现实。

有一次，项羽把刘邦的父亲五花大绑地带到了两军对战的阵前，声称要把刘父剁成肉酱煮了吃掉，用以威胁刘邦，让他早日投降。虽然项羽对刘邦百般羞辱，可他却始终无动于衷，还心平气和地对项羽说："我和你曾经是结拜过的兄弟，我的父亲也就是你的父亲，如今你要将我们的父亲煮着来吃，那么请分我一杯羹。"

项羽被刘邦的话给噎住了，只好放弃了这个歪招。对刘邦而言，这次的事情给他带来了巨大的耻辱，所以他卧薪尝胆、韬光养晦，把全部心思都放在了政务上，不断壮大自己的实力，最终在“垓下之战”中战胜了项羽，并使其自刎乌江。

在历史上，人们对刘邦的评价褒贬不一，但可以明确的一点是，刘邦是一个拥有大智慧的人。在上例中，刘邦没有选择为了保住父亲而弃甲投兵，反而从另外一个角度出发，使得项羽难以出手，若是出手就背负了弑父的罪名。另外，刘邦的眼光长远，为了能够获得天下，他一直积累自己的实力，为的就是一鸣惊人。

眼光长远的人，往往能把要遇到的问题思考得非常透彻，不从一个方面入手；而那些目光短浅的人，由于思考问题不全面，最后只会面临困局。

如果你是一只翱翔于天际的苍鹰，那么就应该把目光投向广阔的蓝天；如果你是流淌在山中的清泉，就应该把目光投向远方的大海；如果你是普照在空中的太阳，就应该把目光投向世间的万物。我们绝不能做一只坐井观天的青蛙，让自己在自己的世界中游荡。

7.有时舍弃是为了更好地得到

人们常说：“举得起、放得下的是举重，举得起放不下的叫负重。”人活在世上，无非是忙于奔波、疲于奔波，我们常常被强烈的愿望所驱赶，不敢停步、不敢懈怠，也不敢轻言放弃。于是，背上的包袱越来越多、越来越沉，同时身心也越来越累。

在现实中，人们有很多舍弃不下的东西，比如做错了事情不愿意承认、说错了话不愿意道歉等等。其实，有时候舍弃是正确的，舍弃是为了得到更好的。今天的舍弃是为了明天更好地得到，凡是成大事的人，都会明白如何舍弃、舍弃什么。

在1996年春季的时候，有12名登山者在攀登珠穆朗玛峰的时候不幸死在了暴风雪之下，然而当时有一个名叫克洛普的登山者侥幸活了下来，原因很简单，因为他在距离山峰顶端300米的地方停下了，转身下山去了。

攀登珠穆朗玛峰对克洛普来说是一件意义重大的事情，如果他当时不带氧气瓶的话，或许就能成功登录到峰顶，并且刷新人们攀登的新纪录。虽然这个想法很有诱惑力，但是里面蕴藏了巨大的危险，花费45分钟的时间到达顶端，将会远远超过安全的时间范围，那会导致他无法在夜幕降临之前返回去。

经过多番思考后，克洛普还是放弃了，他放弃了攀登到峰顶的机会。克洛普对自己的选择很庆幸，因为当时12名登山者和他作出了相反的选择，结果是一去不复返。克洛普下山后修养了一段时间，然后再度对珠穆朗玛发起了挑战，这一次他终于登上了峰顶。更重要的是，他安然无恙地回到了故乡。

对克洛普而言，当时的条件不容许他再向上攀登，如果登上山峰，失去的将会是自己的生命。在克洛普面前有两个选择，就是殊荣和生命，凡是有思想的人都知道，两者不在一个档次，而殊荣和生命比起来要渺小许多。

其实，对很多人而言，学会舍弃是必修的课程，有时候适当地放弃一些东西，最后得来的往往是意想不到的惊喜。就像歌德说的：“生命的全部奥秘就在于为了生存而放弃生存。”懂得舍弃是一种大智慧，它能够使人变得宽容和睿智。

什么时候学会舍弃，什么时候便开始了成熟。我们都要学会舍弃，当然，舍弃的东西有很多，比如失恋带来的痛楚、屈辱留下的仇恨、权力的角逐和金钱的贪欲等等。凡是次要的、枝节的、多余的，该放弃的都应放弃。何为“舍得”？有舍才有得。

善于舍弃的人对一些事物拥有着独特的理解，这是一种自信的表现。人生需要对很多的事物作出选择，舍弃是我们必须面对的，但是在选择的时候要权衡利弊，看看是否“舍弃”小于“得到”。有句俗话叫做：“捡了芝麻，丢了西瓜。”有时候当我们决定要舍弃时，一定要看看能得到什么，不要做出不等价的交换。

“中国门王”韩兆善打造出了“盼盼”这样一个防盗门商标，这个商标的知名度很高，但是很多人不知道的是，韩兆善其实不是做防盗门生意发家的。在当时，韩兆善的公司首先经营的是“宫灯牌”铁皮卷柜，而且卖得十分火爆，是东北同行事业中的第一大龙头。

但是，就在这个时候，韩兆善却决定放弃铁皮卷柜的生产，改做防盗门。这个决定引起了公司很多人的争议，有人认为卷柜的生意不应该放弃，有人认为防盗门是在走下坡路的行业，没什么前途，还有人认为防盗门的生产没什么技术含量，并且也壮大不了产业。对于这些质疑，韩兆善反问道：“光靠做铁皮卷柜能一劳永逸吗？仅在沈阳就有十多家做铁皮卷柜的，这个行业的市场还有多少？而且，铁皮卷柜只适合企业机关，而防盗门适用于千家万户，无疑是更广阔的市场。”

经过多年的市场调查和技术攻关，韩兆善终于正式推出了八点锁紧的防撬门。当这个产品推出市场后，果然得到了很多人的喜爱，并且走出了国门，远销海内外。

现在回头来看，如果当时他没有放弃铁皮卷柜生意而主攻防盗门，那么也没有如今的“盼盼”。

现实中的我们，是否从这些故事中读懂明白了舍弃的真谛了呢？不要总想着挽回，有时候挽回来的东西也不是属于自己的，而且也得不到真正的乐趣。挽回来的东西就像一个枷锁，将自己困在漆黑的世界里，永远走不到尽头。面对舍弃，要当机立断，不能优柔寡断、犹犹豫豫。

当你舍弃一样东西的时候，自然会有另一样东西成为自己的。有时候选择舍弃，你会发现自己的心灵瞬间变得轻松，耳边是动人的音乐，眼前是缤纷的世界。

8.不仅要发觉自己的优势，还要看到缺点和不足

金无足赤，人无完人，没有人敢拍着胸脯自称为完美的人，因为每个人都有缺点和不足。有时候这些负面的因素正是促进我们成长的有力手段。

也许你有一个聪明的头脑，但是长相很一般；也许你有一张无可挑剔的脸蛋，但是思考问题的时候总是犯迷糊；也许你是个游泳高手，但是在篮球方面没有一点儿天赋。所以，我们不仅要盯着优势看，有时候更需要看看缺点和不足。当然，我们无法改变先天上的不足，但我们可以去修正后天上的不足，比如性格、做事方式等等。

在美国，有这样一个男孩子，他家里非常穷，父亲过世的时候，还是通过亲朋好友的募捐，才能把父亲给埋葬了。父亲去世后，家里就更加穷苦了，母亲在一家制衣工厂里面做杂役，一天工作十多个小时，晚上的时候还要带着一些工作回家完成。这个时候，小男孩还在读小学，家里面还有一个4岁的妹妹需要照看，因为母亲没有时间，所以他只得辍学了，一是因为交不起学费，二是因为还要留在家里务农或照看妹妹。

在这种环境下成长的小男孩，他很有志气，并没有因为困境而妥协，他帮助母亲把一个困难的家庭支撑了下来，他经常和母亲说："我长大后要做一个顶天立地的人。"

小男孩20岁的时候，他自告奋勇参加了当地教堂举办的戏剧演出，他的表演很成功，并且在表演上的天赋一点点展现出来。他告诉母亲要去学演讲，母亲十分支持，她对儿子说道："只要你努力，不要总看自己的长处，也要去发现自己的短处，并且用努力去弥补缺陷，如此，你一定能够走出一条属于自己的路。"

听了母亲的话后，小男孩找来了一些演讲用的资料学习，只要附近有演讲，他都会去学习，同时拜了一个著名的演讲家为老师。几年后，他通过自己的努力，在演讲界也变得小有名气。在他30岁那年，他靠着自己卓越的演讲才能打败了很多对手，最后成为了纽约州的议员。事实上，他对这个职位没有一点儿准备，甚至不知道是怎么回事。这个小男孩就是美国著名的政治家艾尔·史密斯。

艾尔·史密斯对演讲上很有心得，他说："我觉得演讲一定要打动人心，它永远没有完美的时候，所以，每一次演讲，我都不去看自己的优势，而是把自己的缺陷和不足挖掘出来，通过努力去改正。"艾尔·史密斯靠着自己的努力，成为一个有权威和声望的人。

在面对缺点和不足的时候，我们不能用自暴自弃的态度去面对，或者找借口不愿承认自己不足的地方，那样就好比将自己困在了谎言之中，生活还会变得多姿多彩吗？答案无疑是否定的。

艾尔·史密斯的成功秘诀就是：人不要过分地关注自己的优势，但是也不能忽略优势，有时候需要去发觉缺点和不足，因为这缺陷往往是我们走向成功的动力，因为我们会用满腹的激情去弥补它。

尺有所短，寸有所长，这句话就表明了每个人都或多或少有不足的地方。既然如此，就该用清醒的目光去审视自己，不好的地方虚心改正，好的地方发扬光大。扬长避短，趋利避害，才能避免自己犯下严重的错误。

很久以前，有一个年轻人家里很穷，他没上几年学便辍学了，因为没有受到多少教育，所以一直做着一些卑微低贱的工作。工作繁忙不说，每月的薪水也少得可怜，还经常遭受旁人的白眼与讽刺。这个年轻人一直过着这样暗无天日的日子，他失落极了，觉得自己的前途一片黑暗，毫无希望。

终于，在某一天的傍晚，这个年轻人来到海边，准备一跃而下结束自己年轻的生命。这时正好有一位神父路过，见到年轻人要轻生，便连忙阻止，并且给予耐心的开导。年轻人对神父说出了心中的困扰，他说自己一无所长，一辈子只能浑浑噩噩地过下去，感到十分迷茫。这时候，神父看到了年轻人口袋里的手帕，手帕上面画着一朵美丽的蔷薇花，于是就问道："这蔷薇花真漂亮，你能够告诉我是谁画的吗？"年轻人不好意思地说道："这个是我在无聊的时候画的。"

神父笑了，他对年轻人语重心长地说道："谁说你一无所长？我看你画出来的东西比那些在画廊里面的东西美多了，如果你肯弥补在绘画上的不足，将来你一定能成为一个大画家。”

年轻人对神父的话半信半疑，但是从神父的眼中可以看到一种信任和尊重，于是他下定决心，利用自己的业余时间练习画画，他画飞鸟、画游鱼、画美丽的姑娘和气势磅礴的山林。就这样日复一日、年复一年，在他的坚持下终于练出了一身高超的绘画本领。

有一次，一个十分出名的艺术家路过年轻人所在的城市，他在不经意间看到了年轻人的作品，他感到十分吃惊，千辛万苦找到年轻人后，希望他可以参加自己的画展。在画展上，年轻人展示了自己这些年珍藏的作品，用高超的画技征服了很多人，从此他的名声远播海内外。

原本只是一个前途灰暗的年轻人，但他在发觉自己的优势并且努力弥补不足后，终于成就了一番惊人的事业。其实，每个人都是拥有优点的，不能因为小小的挫折而自暴自弃，或许自己察觉不到，但是时间久了必会发觉。

那么怎样去发觉自己的缺点和不足呢?

平时可以多查看一些励志类的书，像《卡耐基成功学》全集，它就对人性的优点和缺点作出了透彻的分析。我们可以对照着自己查阅，以发现自己的缺点和不足，并用行动去改变。另外，朋友就好比是自己的一面镜子，他们能够反映出自己的缺点。所以，我们更要用心和朋友沟通交流来改掉自己的缺点。

当然，还要注意群体效应。在现实当中，我们有些事情或多或少做得令人不满意，或者自身有缺点让人反感。如果一个人这样说你，可能是他的心胸狭隘，但是好几个人都这样说，那么你就要自我检讨、认真对待了。

有句话叫做“知己知彼，百战不殆”，意思就是，一个人只要了解自己的优势和不足，才能成为一个成功的人。这个世界上不存在完美的人，也不存在毫无用处的人，最最重要的是要看清自身，把握住自己的优点和不足，全面地看待自己。

9.把眼光放宽，抓住每一次机遇

成功的人必有过人的地方，他们的眼光比普通人宽广许多，在他们面对每一次机遇的时候，分析过后都会牢牢抓住，最后创造出财富。

所谓的富翁，无非是有着比别人前沿的眼光，许多的成功不是我们想象中的困难。其实，羁绊住自己人生的脚步的人就是眼光出现了问题，一个人安于现状，让机会白白流失，最后只会终身遗憾。

有一只蜘蛛想找一个安全的地方作为自己的栖身之处，它拼命地去寻找，结果进入了一把锁的钥匙眼，里面又黑又窄，就像是一个铁盒子，比任何地方都安全。为此，蜘蛛十分高兴，它想：这里正是我理想的庇护所，谁能发现我在这里面安了家呢？

蜘蛛自言自语道："在那边屋子的房梁上，我可以织网捕捉苍蝇。"而后又望了一眼楼梯接着说道："这边我可以再织一张网捕捉虫子。"

蜘蛛正美滋滋地想着，接着耳边传来了脚步声，它非常谨慎地爬到了钥匙眼里躲藏起来。来人是这个屋子的主人，他把钥匙对准钥匙眼，结果蜘蛛被顶死了。

蜘蛛处心积虑地寻找安全的地方，结果由于自己的眼光太过狭隘和短浅，最后在钻入钥匙孔的时候被人开门时顶死了。乍一看，蜘蛛的经历和"坐井观天”的青蛙有相同之处，正是因为没有将眼光放宽，从而失去了很多东西。

宽广的眼光不是先天就有的，它是人们后天培养出来的。眼光的宽度与一个人的知识面有着莫大的关系，知识越多，了解的东西越多，其眼光也会宽广，所以在面对每一次机遇的时候，都会不自觉地牢牢把握。

通用集团由韦尔奇掌握后，他敏锐地发现，当今企业环境在不断地变化，如今通用的竞争对手日益美国化，而通用本身也有许多与海外市场发展的机会。20世纪80年代，当时很多人的眼光都局限在国内，根本没有全球化经营的观念。事实上，当时美国正处于经济发展的领导地位，大多数公司首脑对全球化市场深感困惑。多年来，他们的经营方式依旧是以美国市场为中心，因为他们认为没有必要去改变这种国内经营方式。

韦尔奇是一个商业奇才，他以敏锐的目光发现当今的经营模式正在改变，如果企业再不行动，很有可能错失良机。韦尔奇将全球化视为通用集团面临的巨大机遇，并且毫不犹豫地采取了行动，以求在日后可以迎合全球经济化的发展。

1987年，韦尔奇的全球化革命开始了，当年6月，韦尔奇约见法国最大家电公司汤姆森的总裁阿兰·戈梅斯，在半个多小时的谈话中，两位总裁达成一致，两家企业开始合作，而通用也走出了国门。通用集团同意将每年经营而来的30亿美元和汤姆森公司医疗单位交换，因为通用集团是美国电视机和录放像机的第一大生产商，而汤姆森集团每天在欧洲市场的X光机以及其他医疗诊断器材的销售额约为7.5亿美元。此外，汤姆森需付8亿美元给通用。

通用集团和汤姆森集团是韦尔奇职业生涯中最成功的交易，在同一年，韦尔奇宣布：“对我们而言，数一数二的原则必须应用在世界市场的地位上。”企业的发展本来就是弱肉强食，关键在于观察市场的眼光是否够宽，是否抓住了每一次机遇。韦尔奇认为，在20世纪90年代，全球化是理所当然的事。

把眼光投向全球，这就是韦尔奇的高瞻远瞩之处，他是一个真正的领导人，他观察市场的时候顾及全局，不为蝇头小利冲昏头脑。在企业管理当中，也许有许多的领导因为目光的短浅而白白错失了很多的机遇，导致企业走向了灭亡。所以，作为企业的领导必须要有长远的目光，只有这样才能把企业不断地发展下去。另外，远大的企业战略目标可以激发出员工们的潜能，使他们能够有个人目标和冲劲。

科学家们通过调查和观察发现，在洞察机遇的时候，需要参考两个方面：要把新事物看成陌生的，要用全新的观点去看待它、解释它，不要被困在一幅画中，找不到出去的路口，被短暂的美景给迷惑住；要把陌生的事物看成是熟悉的，要有自己的尺度去衡量它。处处留心观察和钻研，把握面临的每一次机遇，不要因为犹犹豫豫而错过了很多的风景。

生活并不缺少美，缺少的是发现美的眼睛。同样的道理，生活中并不缺少机遇，缺少的是能够发现机遇和抓住机遇的眼光。机遇一旦出现，我们不可以不去思考，或者忽略它以后的发展，我们必须要预料机遇中蕴含的价值，从多个角度去思考。

全球最大的网络书店创始人名叫杰夫·左贝斯，他曾经在美国的普林斯顿大学电子工程与计算机专业就读。那时候，杰夫对电子计算机抱有浓厚的兴趣和远大的抱负。正如他自己所说：“我已经陷入了计算机中不能自拔，我正期待着在计算机领域做出某些革命性的突破。”

果然，在工作不久之后，杰夫成为了美国华尔街一家投资公司的副总裁，负责网络科技公司投资方面的业务。但是杰夫没有满足于前人已经开发出来的业务，而是凭借个人敏锐的目光以及对IT行业的发展动态作出了思考和规划。他预测，越来越多的上网者或许会希望有一天在互联网上了解到图书信息后，只要点击一下鼠标，便能够及时购买，以免亲自去书店购买，造成很多的麻烦。要知道，网络购书不仅节约了时间，更是节约了双方的开支。

这样的预测让杰夫想开一家属于自己的网络公司，在规模尚小的初级阶段可以极大地缩减成本，既无须建立庞大的人员队伍，也不必购置或者租赁面积巨大的库房和经营场地，这完全符合他自主创业和自己自足的实际情况。经过多方面的思考，杰夫立即采取了行动，他超乎所有人的预料，在1994年的时候辞去了副总裁的职务，于一年后在美国西雅图的一间仓库内办起了网上图书销售公司，并且将公司命名为“亚马逊”。

亚马逊成立后，网站点击率剧增，之后杰夫进一步开拓和推进了公司的业务，不仅限于出售图书，还逐步扩大为充当网上顾客的顾问和秘书，以求能够为世界各地的消费者们服务。尽管后来又有许多的网络图书销售企业相继出现，但是“亚马逊”无疑是这类行业中的龙头老大。

对很多人来说，在做到华尔街基金公司副总裁的位置后，很难舍弃这样的职位和高度。但是杰夫没有被眼前的利益束缚，而是在机遇面前依然选择了前进。没有当初的毅然辞职，就没有如今的“亚马逊”；没有当初犀利远大的市场目光，就没有如此宏大的“亚马逊”。杰夫的成功向人们证明了：只有犀利的观察力是不够的，还需要抓住机遇。

生活就是信息，关键是我们是否用宽广的眼光去看待。人们都说，遇到机遇的时候要把握住，这样才能有改变命运的机会。

第八章

思想要讲长度：创新决定命运，思想预见未来

很多人习惯了固封自守，习惯了自己的舒适圈，习惯了现有的思维方式，不敢尝试新的事物，亦不敢大胆去创新，生怕犯错，生怕失败。殊不知，一个人的思想决定着他的未来，当你封闭了自己思想的那一刻，你就已经将更好的、更成功的自己拒之门外了。别忘了，思想有多远，就能走多远。

1.思想有多远，你就能走多远

思想是生命的源泉，因为有思想，才明白世间的喜怒哀乐。在很大程度上，思想决定了一个人的一生。思想就像个指南针，它能够指引我们前进的方向，能够在层层迷雾中不走迷失方向。红金龙的广告词叫做“思想有多远，我们就能走多远”。不论是从企业还是从个人角度来说，人生最大的动力就来自于思想。

善静和尚原本是一个官员，但是他在27岁的时候就出家了，他去乐谱山投靠了元安大禅师，禅师让善静管理寺院的菜园子，希望他可以在劳动中修炼自己的德行。

有一天，寺院内有一位僧人认为自己的修行差不多圆满了，可以下山去云游了，于是就到元安大禅师那儿辞行，他说道：“大师，我能出去云游吗?”元安大禅师听了僧人的请求，就笑着对他说：“这四面都是山，你要往何处去云游呢?”

僧人想不透元安禅师话里面的意思，只好转身回去，他无意间走进了寺院的菜园子。善静正在锄草，见到僧人愁眉苦脸的样子，就忍不住问道：“师兄为何苦恼?”僧人也不掩藏，就一五一十地把来龙去脉告诉了善静。

善静听完后，立马想到元安禅师所说的“四面的山”其实就是“苦难重重”、“障碍连连”的意思。元安大禅师那么说，无非就是想看看僧人的信念和决心，可是僧人没有体会他的意思，于是善静笑着对僧人说道：“竹密岂妨流水过，山高怎阻野云飞。”意思就是说，只有有决心和毅力，不论什么地方都挡不住你去飞翔的翅膀。

于是，僧人就去了元安禅师那里，对着禅师说道：“竹密岂防流水过，山高怎阻野云飞。”僧人以为元安禅师一定会夸奖他，然后批准他下山，谁知元安禅师听过之后，继而皱起了眉头，严厉地看着僧人问道：“你确定这是你理解出来的答案？还是有谁在帮助你？”

僧人瞧见禅师怀疑，只好把善静的名字说了出来。元安禅师对僧人说道：“管理菜园子的善静和尚，他以后的作为一定比你强。多学着点儿吧，他都没有提出要下山的要求，你还要下山吗？”

元安禅师之所以料定善静和尚以后的发展会很好，原因就在于善静有着独立的思想和一颗七窍玲珑心。我们都说，思想是一个人生活在世界上的证明，有思想才能朝着自己的人生目标走下去。至于距离有多远，就要看思想有多远了，思想远了，走出来的人生也就长远。

科学家们发现一个很有趣的实验，叫做“跳蚤效应”。生物学家经常将跳蚤随意往地上一放，它就能从地面跳起一米多高。但是如果在一个一米高的地方放上一个盖子的话，这时候它跳起来就会撞到盖子，而且是一再地撞到。过一段时间拿掉盖子后，就会发现，虽然跳蚤还在继续地跳着，但是已经不能达到一米高度以上了，直到生命结束都是如此。

为什么呢？理由很简单，因为跳蚤调整了自己的高度，不会再去追求新突破。不但跳蚤如此，人其实也一样，什么样的思想就有什么样的人生道路，思想有多远，前方的道路就会有多远。

有这样一个例子，说明了一个人如果不将自己的思想设置得长远的话，那么就会造成意想不到的后果。

1952年7月4日的早晨，加利福尼亚海岸被笼罩在迷蒙的大雾中。在海岸以西21英里的卡塔林纳岛上，有一个34岁的女人涉水进入太平洋中，开始向加州海岸游去。若是成功了，她就是第一个游过这个海峡的妇女，这位妇女就是费罗伦丝·查德威克，她曾经成功地游过英吉利海峡。

那天清晨，海水把她的身子冻得发麻，并且雾很大，她连护送她的船只都看不到。时间一秒一秒地过去了，成千上万的观众在电视机前关注着她。在以前，像这类在渡海游泳中产生的疲惫不是什么大问题，但是这个天气的海水十分寒冷，冻得她快受不了了。

费罗伦丝·查德威克知道自己不能再游了，于是叫人把她拉上了船，她的母亲和教练就在两条船上，他们告诉她，其实她距离海岸很近了，叫她不要放弃，继续朝着海岸游去。但是费罗伦丝·查德威克什么也看不见，其实她上船的地点离加州海岸只有半英里。

当别人告诉她这个事实后，从寒冷中慢慢复苏的费罗伦丝·查德威克十分沮丧，她告诉记者，真正让她半途而废的不是疲惫与寒冷，而是在迷雾中看不到的目标。不过，费罗伦丝·查德威克一生中只有这一次没有坚持下去。

两个月之后，费罗伦丝·查德威克成功地游过了卡塔林纳海峡，而且比男子的纪录还快了两个钟头。

对费罗伦丝·查德威克来说，思想的长远才能够支持她游得长远。其实，她的这种想法与很多普通人一样，她认为思想就是坚持下去的动力。如果一个人想要取得一番成就，那么就要有长远的思想。世上无难事，只怕有心人，世界上没有冲不过去的障碍，关键在于是否有长远的思想来与障碍进行决斗。

有一对亲兄弟，哥哥是城里面最顶尖的会计师，而弟弟却是监狱中的囚徒。有一天，记者采访当了会计师的哥哥，问他成为这么优秀的会计师有什么样的秘诀，哥哥说：“我们家以前都是住在贫民区，爸爸既赌博又喝酒，整天不务正业；妈妈又有精神病，如果我不努力，那行吗?”

第二天，记者又去采访还在监狱里的弟弟，问他是怎么进监狱的，弟弟说道：“我们家住在贫民区，爸爸赌博又喝酒，妈妈又有精神病。没人管我，我吃不饱、穿不暖，所以才会去偷、去抢。”

同一个家庭，同一个环境，但是塑造出来的却是两种人生。幸与不幸、成功与否，就在于我们用一种怎样的思想、怎样的态度去对待。哥哥的思想是长远的，所以他的道路一片光明，而弟弟的思想没有如哥哥一样，整天就是怨天尤人，所以就被这种观点耽误了一生。

很多人都会为自己的失败找借口，从来不去思考自己的思想是否出现了问题。就拿中国体育运动员邓亚萍来说，她在读初中的时候，连 26 个字母都不会写，但是她没有将思想局限住，而是向着更远的地方前进。皇天不负有心人，因为她的勤劳刻苦，终于走上了成功之路。

有人说过：“成功不在于我们能不能，而是在于我们想不想。”如果没有思想，那还谈什么自信可言呢？我们的道路是风雨交加、满路泥泞的，要想迎难而上，唯有坚定不移地朝着目的地走，用思想作为动力，长远地坚持下去，最终才会取得成功。

2.主动创新，在创新中求发展

有人曾经说过：“一个没有创新能力的民族难以屹立于世界先进民族之林。创新是一个民族进步的灵魂，是兴旺发达的不竭动力。”同样，对我们个人而言，创新是保证不被时代淘汰的法宝，是我们与时俱进的必要武器。

在校园，老师教导学生要有创新思想，做题目不要墨守成规；在职场，领导提倡员工要有创新思维，做工作的时候不要总是效仿过去；在家庭，家人之间同样需要创新，日子不能过得懒懒散散、毫无激情。其实，我们就出生在一个需要创新的时代当中。有的人生活得很光鲜，过着衣来伸手、饭来张口的日子；有的人生活得很邋遢，过着有一顿没一顿的日子。造成这样悬殊的原因是是否具有“创新”。只有主动去创新，在创新中求发展，不断超越、不断突破，才能成就卓越的人生，才能改变自己的一生。

相传有一年，发明家鲁班接受了一项任务，那就是建造出一座巨大的宫殿。这座宫殿需要很多的材料，他和徒弟们只好到山上去用斧头砍树。因为当时没有锯子，所以砍树效率极低，一棵树砍下来，鲁班的徒弟们就得休息一会儿。

有一次，鲁班上山的时候，因为不小心跌倒了，他于慌忙中抓到了一把野草，这种草把他的手给划破了。鲁班觉得奇怪，为什么小小的一根草居然能那么锋利呢？于是他摘下一片叶子放在手中仔细观察，他发现这种小草的叶子两边有许多的小细齿，用手轻轻一摸，十分锋利，他终于明白了，他的手就是被这些小细齿给划破的。

后来，鲁班又看到一条大蝗虫正在一株草上吃叶子，两颗大板牙十分锋利，一开一合，很快就吃掉了一大片叶子，这同样也引起了鲁班的好奇心，于是他又抓起一只蝗虫，仔细地观察蝗虫牙齿的结构，他发现蝗虫的两颗大板牙上同样有许多的小细齿，蝗虫正是靠着小细齿才咬断草叶的。

这两件事情给了鲁班很大的启发，他就用大毛竹做成一条带有许多小细齿的竹片，然后到小树上做实验，结果效果很不错，几下子就把树身划出一道道深沟，鲁班很高兴，但是竹片比较软，强度不行，拉一会儿，小细齿就断了，有的也变钝了，不能再用了。几番思考，鲁班便想到用铁片，于是便让铁匠打了一把满是细齿的铁片。鲁班和徒弟各拉一端，就这样来来回回地拉，没一会儿树就断了，又快又省力，锯子也就这么诞生了。

在鲁班之前，相信也有不少的人被野草划破过的类似情况，但为什么只有鲁班能从中受到启发，然后发明了锯子呢？这个问题值得我们大家思考。在大多数人眼中，或许被划伤了只是一件小事，没有什么值得大惊小怪的地方，往往在伤口好了以后就忘了。但是鲁班的好奇心强，对生活中的一些小事相当在意，他通过观察、思考和研究，给自己带来了意想不到的成功。鲁班有一颗主动创新的心，因为他的创新，我们的生活中才会有许多简单技巧性的工具诞生。创新带动发展，把古代和现代作个对比，就明白创新的重要性了。

有时候，创新也需要运气，因为成功不是信手拈来的，也不是一蹴而就的。作为现代社会中的一员，每个人都需要创新的精神和能力，不要把自己困在一个小胡同里死命钻研，应该主动出击，放眼四方。

有这样一则小寓言：

一位画家有3个徒弟，有一次，他要求徒弟们在纸上画骆驼，规定谁画得最多，谁就胜利。

大徒弟的画功很深厚，他用细笔在纸上画了很多小而精致的骆驼，整张纸上密密麻麻。二徒弟向来聪明，为了节约纸张的空间，他画了无数骆驼的头。小徒弟自愧不如，几番思考后，他画了几条弯弯曲曲的线条，代表的就是山峰，然后一只骆驼从山谷中缓缓走出来，另一只骆驼只露出了一个脑袋和半截脖子。

画家看了3个徒弟的画说道：“无论你们在纸上画出多少骆驼，那些都是可以数清的，只有老三的画最符合标准，因为他最具有想象力。纸上虽然只画了一只半骆驼，但是画面呈现的意境却是驼群在连绵起伏的群山里走着，若隐若现，谁也说不清会从山谷里走出多少只骆驼来，这不恰好表明有无数只骆驼吗?”

创新源自于思维，主动去思考和创新就等于成功了一大半。善于创新的人解决问题的时候都比他人简单，成功的几率却大了许多，同时在事业当中也会是核心人物。不论企业或者个人，我们要永远呼吁主动去追求创新，在创新中不断发展。创新是社会进步、经济发展的原动力，想要立于不败之地，唯有去主动创新、勇于开拓、积极思考。

创新是险峻高山上的无限风光，攀登创新的高峰，首先要有无限的勇气。人们都赞扬第一个吃螃蟹的人，因为螃蟹那丑陋、凶横的样子，别说是吃它，恐怕见了它都要退避三舍。作为第一个吃螃蟹的人，其勇气是值得褒奖的，因为只有主动创新，才能保证发展。

有一个皮革商人十分喜欢钓鱼，经常去的地方就是纽芬兰渔场。有一年冬天的早晨，皮革商人来到了渔场，也许是因为头一天晚上下了大雪，所以天气十分寒冷，凉飕飕的风刮在脸上像被刀割了一般。皮革商人费了很大的力气才在结冰的海上凿了一个洞，然后开始钓鱼。

商人发现这样一个现象：钓的鱼如果放到冰上很快就会被冻得硬邦邦的，而且只要不融化，过个三五天，鱼也不会变味道。商人就想，难道食物结冰了就可以保鲜吗？于是，他开始试验，经过多次探索，他发现了不仅鱼类在冰冻的条件下可以保鲜，其他食物，比如牛肉、蔬菜等等，都是可以保鲜的。

于是商人准备制造一台能够让食品迅速冰冻的机器。创新的道路是艰难的，商人在制作过程中吃了很多的苦头，但是他从不放弃，通过很多次的实验和总结，他终于成功地制造出了速冻机器。商人向国家申请了专利，并且以300万美元的天价把技术卖给了美国通用食品公司，这位皮革商人就是世界上第一代冰箱的发明者。

袁隆平曾经说过：“科学研究的基本特色就是创新，不断地向新的领域、新的高峰攀登，是科学研究的本色。”而创新有两点：一是不要囿于前人的成见，二是不要怕犯错误，这两点都需要胆量。

那么，我们该如何去创新呢？学会主动创新有以下几种方法：

第一，组合法。组合创新是很重要的创新方法，有一部分的研究学者认为，所谓的创新就是把人们认为不能组合在一起的几种东西组合在一起。就像日本创造学家菊池诚博士说的：“我认为搞发明有两条路，第一条是全新的发现，第二条是把已知其原理的事实进行组合。”总的来说，组合是任意的，各种各样的东西都可以去组合，在组合下就会有新事物的发现。

第二，类比法。所谓的类比创新法，就是一种确定两个以上事物，并且寻找共同关系的思维法。类比法在我们的日常生活中经常运用到。比如：为了买一样东西，需要走好几家，哪家物美价廉才会买下。这种类比创新法是从对比事物之中找到两者的优点，吸纳更多的知识和元素，以此创造出新的事物。

第三，联想法。这种方法是最普遍的，就比如飞机的发明，有人看到了天上有鸟飞，于是就希望有一天自己也能够飞上天。有了创新的思想，接下来就是创造。

总而言之，创新是有规律可以遵循的，只要肯主动去创新，必会有意想不到的收获。

3.人孰无过？有则改之，无则加勉

孔老夫子说：“人非圣贤，孰能无过？”意思就是说，只要是人，就都会犯错，没有错误才是最大的错误。

错误是每个人的影子，无论事情做得多么仔细，都难免会有错误出现。不过，正是因为错误，我们才能够吃一堑，长一智，避免出现同类错误。不过，每个人对待错误的观点是不相同的，有人十分抵触承认错误，而有人却能够虚心改正。古人说得好：“人谁无过，过之能改，善莫大焉。”如果你不能正视错误，那就只能自食其果。

春秋战国时期，晋灵公做了君主后，就变得十分不像话，他四处搜刮百姓的钱财，用来装饰宫廷的墙壁。对此，百姓们怨声载道，但晋灵公却不闻不问。

当时，晋灵公建造了一个高台，在高台上用弹弓瞄准台下的人，每当他发射的时候，就会有人四处逃散，晋灵公觉得这么做很快乐。有时候，宫里的厨子没有将食物煮熟，他就会亲手把人杀死，然后让宫女把尸体放在箩筐里面运出宫廷。大臣赵盾、士季看着箩筐外面有手露出来，上前一看发现是死人。两人查问原因后又愤怒又忧虑，于是两人商议后决定进宫去劝说晋灵公。

士季说："让我先进去劝说，希望君主能够改正过错，如果不改的话，你再进去说。"赵盾同意了，士季进宫后，叩头说道："人谁无过，过而能改，善莫大焉。大王如果能够勇于改正的话，那么对晋国来说是一件好事。"但是，晋灵公压根不把他的话放在心上，当做没有听见一样。没办法，赵盾也进宫严肃地劝说了一番。

晋灵公对此十分讨厌，他觉得大臣们太啰嗦了，想要给他们一点儿颜色看看。一天，晋灵公在宫内埋伏了许多甲士，想趁着赵盾进宫时杀了他，但是赵盾却被手下的人给救走了。

晋灵公的所作所为引来很多大臣的不满，后来赵盾的堂兄弟赵穿就发动兵变，把晋灵公给杀死了。

晋灵公的死恰好证明了一个道理：一个人如果有错误不去自改，任由其发展的话，最后将会造成无法挽回的恶果。

心理学家研究表明：人类行为中存在着自我保护的习性，每当出现错误的时候，有一部分人敢于担当，积极解决问题，还有一部分人则是推卸责任，事不关己，拒绝承认错误。人都会犯错，而往往在犯错过后就会后悔，不过与其后悔，倒不如彻底改正错误。

人的一生中面临的事情何止千千万？正所谓“人有失手，马有失蹄”，最关键的就是敢于去承担错误，愿意去改正错误。面对错误的时候，人们通常会有两种态度：第一种，找千种理由、万种借口，说明这件事情不是自己的错，而是有各种客观原因，与己无关。第二种，没有理由，本着有则改之、无则加勉的态度认真思考、分析原因，即使不完全是自己的错，也反思是否自己还有做得不够完美的地方。

一个人对待错误的态度远远比错误本身更重要。勇于面对自己的错误，就是一种成长、一种进步。如果对于自身的错误没有勇气承认，并且用各种推托的办法，那么迟早会吃到苦果。

4.前人是榜样，创新还须靠自己

什么是榜样？榜样就是一个参照的例子。就比如各种发明，发明家们发明的东西都是建立在前人的基础之上，以前人的作品为榜样，但最主要的创新思维还是靠自己。古人邯郸学步、东施效颦，说的都是一味地仿效他人的模式，完全没有自己的特色。

在一个企业当中，如果一直墨守成规，没有自身的特色，最终会迷失在时代发展的脚步中。创新对当代年轻人来讲，就是一个机遇。

秦明看到一家公司招聘广告总监的消息，这家公司给出了一年30万薪水的价码。秦明心动了，想去试一试。来到这家公司后，他看见有很多人在报名，可以说，前来应聘的人几乎要把公司的门槛给踢烂了，就连公司的总裁都亲自出马，担任起了面试官。

面对这些广告精英，总裁出了一道题目，并且给每个应聘者发了一张白纸，然后说道："你们随便在纸上画东西，然后把纸顺着办公室的窗户扔出去，谁的纸最抢手，我们就聘用他为我们广告公司的总监。"

总裁的话刚刚说完，就有许多的应聘者们开始在白纸上大显身手了。当大家把纸往外面扔的时候，许多路人停下了脚步，并捡起地上的纸看一看，可大家大多看了一眼就扔掉了，只有一张纸在飞下去后，很多人都跑来抢，就连警察都赶了过来，这张纸就是秦明的。

总裁把秦明叫到了身边，就问他在纸上写了什么，为什么大家都去抢。秦明老实回答说："我没有写些什么诗或者名句，只是在白纸上贴了3张100元的人民币，之后就扔了下去。"

总裁听后，哈哈大笑起来，他拍着秦明的肩膀说："小伙子，我们需要的就是像你这样有创新思想的广告总监，30万的年薪非你莫属。"

看到秦明的事例，很多人对他佩服得五体投地，我们不得不承认秦明的创新思维是突出的。那些广告精英有的在纸上写诗，有的画画，或者是折成漂亮的形状，但谁都没想有想到，如何才是最创新、最实际的。

如今的社会已经达成了一个共识，那就是"创新"，只有把创新融入到工作或者学习中去，才可以实现个人与社会发展的最大价值。那么，创新究竟在哪儿呢？其实创新就在我们身边。创新不是上天注定的，而是个人的主观能动性决定的，创新要靠自己去实现，这便是创新精神所在。或许有人觉得自己只是一个普通人，又不是科学家，谈何创新？之所以有这种想法，绝大部分是因为没有自信心。

每一个行业都有巨大的发展空间，对什么感兴趣，就可以试着去尝试创新。对21世纪的我们而言，创新不需要理由，不需要学历，不需要看职业。创新可以从一个小动作开始，可以从一些微小事物开始，把前人的创新当作是一个学习的榜样，真正的创新还是得靠我们自己。

日本著名企业家藤原君在创业之前，只不过是一个清理城市街道的环卫工人。同事们对于这种早出晚归、平庸单调的生活早已习以为常，但是藤原君很不甘心，他每天看着街边那些来来往往的名车以及高楼大厦，常常憧憬着自己有一天也要拥有这一切。

藤原君在工作闲暇的时候会不断地去寻找创造财富的机会。有一个偶然的机会，他听工友说，现在的金属材料很值钱，于是就暗自琢磨：我每天清洁街道的时候，都会捡到很多的易拉罐，若是将这些易拉罐全都融化掉，不就成了金属材料吗？想到这里，藤原君连忙跑回家中，他把以前捡来的易拉罐都剪碎了，最后熔炼成一小块银灰色的金属。

这个时候，藤原君并不知道这块金属是否能用，于是就带着金属去研究所化验。结果，化验报告表示，这种金属材料很值钱，是铝镁合金。当时，在日本的市场上，铝锭的价格是易拉罐的10倍，按照这样算下去，把易拉罐熔炼后，其价格就有了很大的提升。

看到商机后，藤原君下定决心好好干，于是他辞掉了环卫工人的工作，开始回收并熔炼易拉罐。通过3年的努力，藤原君从一个普通的工人变成了坐拥亿万财富的成功人士，以前想要拥有的名车洋房都成为了现实。

藤原君自我创新，没有沿着别人的路前进。如果他只是单单靠卖易拉罐，那么他的财富比卖金属锭子来的财富要缩水很多。藤原君没有别人的帮助，他凭借着自己的努力和战略思维，成功实现了自己的梦想。藤原君是一个真正的成功者，我们作为后人，需要把藤原君的事例当成一个学习的榜样，不过当我们在走自己的路时，需要有自己的特色。

就像亚洲首富李嘉诚说的："我的管理模式，原则上是西方管理模式，但是我对西方经典的管理模式进行了改进，我在其中加入了中国的文化哲学。你们听到西方国家叫做 Ouarter-CEO。如果一年做得不好，你这个首席执行官就应该卷好铺盖，立刻回家。但是我会去看、去分析，比如一个行业，这个行业本身不景气，大家都在赔钱，同行们赔掉了 90%，我们只赔掉了 60%，这个首席执行官我非但不会炒掉他，反而要奖励他。人家赔掉了这么多，你赔掉了这么少，说明你是有真才实干的。但是假如有一个行业，人家赚的是 100 块钱，我们赚 80 块钱，那我就会问：为什么人家赚得这么多，你赚得这么少？虽然你也在盈利，但我还是要责备你，让你好好总结经验教训。"

世界上没有两个同样的指纹，如果你只会单纯地模仿他人，就会觉得好像是穿别人的鞋子，走起路来处处不舒坦。所以，让前人的经验变为过去，把自己的创新作为现在的步伐。

5.敢于走出习惯，去发现新事物

有一所迷宫中有很多出去的道路，但是大家都会寻找走得最多的路线，很少有人去探索发现新的道路，不愿意去尝试新事物，原因就在于人们的习惯。

有这样几个现象，中国人和外国人开车完全不一样，中国人的驾驶座在左边，而外国人的驾驶座在右边；中国北方人喜欢吃面食，而南方人则喜欢吃米饭等等，这些无非是因为习惯。习惯让人省心，仿佛有种安全感，所以大多数人在找到习惯后不愿去改变，于是，他们永远都在一个地方打转，生活的轨迹永远无法扩张、无法超越。只有真正的勇敢者才会走出习惯，不让人生被束缚。

路易斯是一档综艺节目的主持人，他曾经在美国华尔街著名投资银行摩根斯坦利工作，这份工作的年薪高达30万美元。但是，路易斯并不开心，这样重复而又单调的生活让他开始思考这样一个问题：人生真正需要的是什么？他不愿意用自己的努力去做这种毫无新意的工作。

于是，在路易斯事业如日中天的时候，他毅然放弃了高薪的工作，回到自己的故土开始追求理想中的人生。离开美国华尔街后，往日的生活习惯和职位都不存在了，一切都要重头开始。但是路易斯是一个勇敢者，他不愿意再过着两点一线的生活，也不愿意将自己的人生困在一栋大楼内。

就这样，路易斯开始寻找属于自己的天空，他义无反顾地走进了风雨兼程的道路。如今，路易斯在许多节目中表现突出，在不断拓展人生境界的同时，也让自己生活得灿烂无比。

路易斯勇敢地走出了自己的习惯，才有机会去寻找新的人生点，才为自己塑造出美丽的人生。习惯带给人安定，人们在享受一成不变的生活时，也会将自己一点点坠入“惰性”的深渊，于是便不知道自己渴望的是什么、失去的是什么。我们应该敢于放弃过去，只有走出习惯的勇敢者才能看见外面世界的丰富与多彩。

有些人在思考问题的时候也会有习惯，就是所谓的“习惯思维”，它是指人们按照习惯的思维方式思考问题，是思维方式的定型化。习惯于过去，或习惯于大众的认知，往往不懂得自己去创新，寻找新事物，以至于故步自封、裹足不前。恩格斯曾经说过“世界上最美丽的花朵是思维者的精神”，勇于追求新事物、新观点，是我们前进的必要手段。

小泽征尔是日本著名的音乐家，在参加一次指挥家比赛的时候，在演奏中，他突然发现乐曲中出现不和谐的地方，他以为是演奏家们演奏错了，于是就要乐队停下来重新演奏一次，但是听过后仍然不自觉。这时，在场的作曲家和评委们都重申乐谱没有问题，而是小泽征尔的错觉。

面对庄严的音乐厅内几百名音乐大师的权威，小泽征尔的思想动摇了，但是他经过再三考虑后，依然坚持自己的判断是正确的，于是对着大厅内的音乐大师们吼道：“不，一定是乐谱出现了错误。”他的喊声一落下，评委们立即站了起来，给予了他热烈的掌声，祝贺他获得了比赛的冠军。

原来，这一切都是评委们精心设计好的圈套，前面的人也发现了有问题，但是放弃了自己的意见，只有小泽征尔不迷信权威，坚持了自己的意见，获得了属于自己的殊荣。

我们的世界就是不断变化的、运动的，没有一直不变的东西，想要准确认知这个世界，就不能用老套的思维来寻找新事物，应该打破陈旧的观点和想法。小泽征尔的故事告诉我们，不要让习惯影响了思维，要敢于冲破传统，如此才能取得成功。

在草原上有一只小鹰，它是在松鸡窝里长大的，看到天上翱翔的雄鹰，就问身边的松鸡："那是一只什么鸟呀？怎么飞得那么高？"于是身边的松鸡告诉它："那是鹰，你永远也飞不了那么高。"于是小鹰便每天扑个三五米，直到老死也没有飞向天空，浪费了上天给予它的天赋。如果在一开始的时候，小鹰能勇于走出习惯，或许就能够如其他雄鹰一般，在蔚蓝的天空下展翅飞翔。

在人生中，我们是否会遇到困扰，是否总是习惯于身边的事物，而不懂得自己开拓事业呢？人不能总是在一个地方打转，偶尔也要学会去挖掘身边的新事物，脱去习惯的枷锁。

从前有一户人家，他们的菜园里摆着一块大石头，大概有40多厘米宽、10厘米高，到菜园子里来的人不仔细看的话就会踢到大石头，不是跌倒就是擦伤。于是儿子问道："爸爸，那块大石头真讨厌，为什么不把它挖走呢？"

爸爸就说："傻孩子，你说的那块石头可是从你爷爷那个时代就在了，一直存放到现在。它的体积那么大，不知道要挖到什么时候。没事无聊挖石头，还不如走路的时候小心一点儿，这样还可以训练你的反应能力。"

过了几年，这户人家的小儿子也娶了媳妇，有一天，媳妇气愤地回到家里，说道："菜园里的那块大石头越来越不顺眼了，改天找人搬掉好了。"儿子对媳妇说道："算了吧，那块大石头很重的，要是可以搬走的话，我小的时候就弄走它了，还用等到现在？"

媳妇心里不是滋味，那块大石头不知道让她跌倒多少次了。十几分钟后，媳妇用锄头把大石头周围的泥土挖松。媳妇有了心理准备，以为要挖一天多的时间，可是没想到，几分钟后石头就露出了原本的面貌，并没有想象中的那么大，都是被外表给欺骗了。

这个故事说明了，很多情况下，人们都是被事物的外表给迷惑了，有些东西并没有想象中的那么夸张，而是因为“先入为主”的思想，从一开始就认定了，并且一直不改变这种思想，最终被习惯给套住了。

对待习惯，我们应该尝试改变，尝试不一样的生活，尝试用不一样的心情去看这个世界以及周围的人和事。勇敢走出习惯、走出理所当然、走出过去的生活，用新的思维模式去看自己、看这个世界。

6.理性有时是限制你的枷锁

理性是人们在正常思维状态下遇事不慌，并且能够了解和分析出的一种操作处理事物的方法。老一辈的人常常说：“做事情不要没脑子，一定要靠理性去思考问题。”但是有些时候，恰恰是理性束缚住了我们的思维。

每个人在年少时都可能幻想着自己是百变金刚，以为自己是无所不能的，但是在受到挫折和打击的时候，便把失败变为一种习以为常，丧失了信心和勇气，觉得一辈子已经成型定位了。那你为什么不去摆脱这种所谓的思想呢？也许自己面临的困境只是一时的，只要你不放弃自己，那么就一定会战胜挫折。

巴雷尼在小的时候生了一场病，结果成为了残疾人，母亲对此十分伤心。按照别人的认定，巴雷尼这辈子永远都没法康复了。但是她想，孩子现在最需要的是鼓励和帮助，如果让孩子去思考自己未来的人生，肯定会受不了打击和挫折。于是，她走到巴雷尼的病床前，拉着孩子的手说道：“孩子，妈妈相信你是个有志气的人，希望你能够用自己的双脚在自己人生的道路上勇敢地走下去。好巴雷尼，你能够答应妈妈吗?”

母亲的话就像铁锤一般敲击在巴雷尼的心口上，他扑到妈妈的怀里，哇哇大哭起来。从那以后，妈妈只要一有时间，就陪伴巴雷尼练习走路和做体操，常常累得满头大汗。

有一次，妈妈得了重感冒，她想，作为母亲不仅要言传，还要身教。尽管还发着高烧，但是她仍然坚持下床帮助巴雷尼走路。妈妈的汗水如黄豆般大小，她用毛巾擦完后咬着牙帮儿子完成了一天的练习。

母亲的榜样深深地影响了巴雷尼，他心想：即便是残疾人又如何？只要自己想做的，就一定能做得到。秉持着这样一个思想，他终于经受住了命运带给他的严酷打击。他刻苦学习，每一次考试成绩都名列前茅。最后，巴雷尼凭借着优异的成绩进入了维也纳大学医学院。大学毕业后，巴雷尼把全部的精力都放在了耳科神经学的研究中，最后终于登上了诺贝尔生理学和医学奖的领奖台。

巴雷尼和其母亲都没有用理性去思考问题，如果一直守着“残疾”这个概念不放，或许就没有巴雷尼如今的成就。有时候，思考问题不能用理性来解决，它可能变为一种枷锁。很多著名的人物都没有用理性去对待自己的人生，像海伦·凯勒、张海迪、霍金等等，他们这些人都身残志坚。

在残奥会上，很多运动员们都展现出他们没按理性思考问题的一面。有一个运动员，他没有了双臂，但是却能够在水中畅游自如，最后获得了冠军。还有一个只有一条腿的运动员在骑自行车的项目中也取得了好成绩。在常人眼中，一般理性的思考是，没有了双手还怎么去游泳？只有一条腿怎么去骑自行车呢？这些运动员们心中一直坚信“我命由我不由天”，他们不相信自己的人生暗淡无光，他们坚信，只要努力了，就一定会有自己的辉煌，只是过程比别人艰辛很多。

现实中，很多人都是有能力的，但是因为一点点的挫折，就对自己产生怀疑，先前发奋图强的热情和欲望都被理性给秒杀，从此画地为牢，把自己禁锢在一个小圈子内。有时候，我们需要不理性地思考问题，不要被很多假象给迷惑住，要勇敢地摆脱理性的限制。

在很久以前，有一对夫妻十分恩爱，他们每天过着男耕女织的生活。这对夫妻和往年一样，都会酝酿美味的葡萄酒。这一年，他们的酒快酿好了，妻子到地窖里打开酒缸一看，结果气冲冲地跑到丈夫的面前，大声质问道：“好啊，你居然在地窖的酒缸里藏了一个女人。”

丈夫惊呼：“绝对不可能，一定是你看错了。”于是便去酒窖查看，结果打开酒缸后发现里面有一个男人，他生气地说道：“你居然藏了一个男人在酒缸里！”

于是，原本恩爱的夫妻就闹了起来，甚至是打起架来。有一位智者瞧见了，便问夫妻原因，夫妻两人是公说公有理，婆说婆有理，智者听后，拿起一块石头把酒缸给砸碎了，葡萄酒流光了，结果酒缸里什么都没有。其实，夫妻两人看到的就是自己的倒影。

这个故事告诉我们，有时候，理性思考过的问题往往是被世间的假象所迷惑，不求真相就开始争辩，实在不划算。夫妻两人先入为主，都觉得自己是理性地对待问题的，殊不知，正是理性束缚住两人的思想。我们的爱情和婚姻里时常会出现假象来考验双方，所以在没有弄清楚事情的真相后，不要认为自己理性思考后的结果就是正确的，如此会伤害彼此的心灵，得不偿失。

就拿娱乐圈来说，每天都会在新闻报纸上看到某某明星的绯闻，可是这样的信息又有多少的是真实的呢？绝大部分都是被外表所蒙骗。

理性固然重要，但是不代表所有的事情都要理性地去处理，偶尔感性一下，会显得更加人性化。不被正常的思维给套住，这才是生存之道。理性并不是唯一的出路，如果肯从多个方面去思考，就会发现有很多种可能等着自己去选择。

7.不要以为“随大流”就不会错

从众心理就是随大流，它是指因为受到外界因素的影响，从而使得自身的知觉、判断等出现与公众相等的行为方式。很多时候，人们都有一种从众的心理，希望随大流。大家怎么认为，我就这么认为；大家怎么做，我就怎么做，那样真的就万无一失，保证不出错吗？

其实，有时候随大流也会出错。留心一下周围随大流的现象：某一门课程不好学，大家都觉得是课程太难，从来不从自身找问题；别人说转专业，在没有分析自身情况后自己也跟着转了专业，结果是赔了夫人又折兵。人们追求创新、追求标新立异，想要成为一个鹤立鸡群、不同凡响的人，就不能随大流。只有突破常规，才能卓尔不群、引人注目。

1925年的4月15日，在英国北部的小城市内，杂货店主艾尔弗雷德·罗伯茨的第二个女儿出生了，父母为此十分开心，给她取名为玛格丽特·希尔达·罗伯茨。

玛格丽特6岁那年，在一个星期天的上午，一家人去教堂做完礼拜回来，在路上，玛格丽特一边走，一边回想着今天牧师所说的内容。正想得入迷，突然被一群孩子们的笑声给打断了。

玛格丽特远远瞧见，原来是一群在街角玩耍的孩子。这些孩子和玛格丽特的年龄差不多，有男孩有女孩，他们就像是一群小鹿，在来回地追逐，时不时还笑出声来，那是一种真正的开心。玛格丽特不由地停下了脚步，她目不转睛地盯着那些孩子，直到他们走远。回到家中后，玛格丽特的心总是无法平静，她的童心被唤醒了，使她一心想着玩乐。

玛格丽特的家庭生活与她的年龄十分不相称，在成长过程中，她养成了勤劳俭朴的性格，长了许多的见识，但是也早早就失去了童年的乐趣。如今才发现，她和其他的孩子简直生活在两个世界里，她觉得生活是如此的单调和无聊。一想到自己失去了那么多的快乐、那么多的游戏，她便觉得委屈，于是忍不住问父亲："爸爸，为什么我不能和其他孩子一样，经常出去玩游戏呢？我什么我就要一直待在家中？我觉得这样的日子一点儿也不开心。"

父亲非常亲切地说道："孩子，你做事必须要有自己的主见，不能因为你的朋友在做什么事，你就想去做什么事。不要因为怕与众人不同，最后随着大流走，你需要自己决定问题，如果有必要，你可以去领导群众，但是不要随波逐流。"

玛格丽特无疑是聪明的，听了父亲的话后，她立刻恍然大悟。她幼小的心里住着一种名叫"成功"的信念，怎么可以与别的小孩子那样整天就知道玩玩乐乐呢！想着想着，心里的委屈也不见了，她深深地明白，父亲之所以用特殊的方法教育她，是为了将来她能够有一番作为。从此以后，玛格丽特就把父亲的话当作终身奉行的准则，直到她成为英国历史上第一位女首相。

玛格丽特能够成为女首相，这与她不随大流的思想息息相关，如果幼年时她只知道玩耍，不去学习知识，那么她就会和别人从同一个起点出发，拥有一个随大流的平庸人生。如果一个人随波逐流，也许会给自己带来乐趣，但是却无法取得与众不同的成功。相反地，只有摒弃大流的想法，才能让自己成为领导大流的人。

对于随大流现象，一般有3种表现形式：第一，表面服从，内心也接受，所谓心服口服；第二，口服心不服，主要是表面服从，违心从众；第三，完全随大流，没有服与不服的问题，完全没有自己的思想。

每个人都有从众的心理，而一味地从众只会束缚自己的才能，失去属于自己的一片土地。我们不能做一根“墙头草”，风往哪边吹就往那边倒，我们需要培养和提高自我独立思考与明辨是非的能力，遇到问题仔细分析，不要把别人的答案当作自己的答案。

有一天早晨，一只山羊在栅栏外面徘徊，望着栅栏里面的大白菜直流口水，可它就是进不去。这时候，太阳已经升起来了，阳光照耀着大地，在不经意中，山羊看到自己的影子，它的影子被拉得越来越长，于是它就想：自己如此高大，一定会吃到树上的果子，吃不吃这白菜又有什么关系呢？

于是，山羊看到不远处有一片果园，果园里面结了许多红艳艳的果子，于是它就朝着那边的果园奔去，当它到达果园的时候，已经是正午了，太阳就照在头上。这时候，山羊的影子缩成了一团，它又想：哎，原来自己还是那么的矮小，吃不到树上的果子，还是回去吃白菜好了。

等它跑到栅栏的时候，太阳已经西下，山羊的影子又被拉得很长很长。

于是它又想了：自己干嘛又要跑回去呢？它很是懊恼，凭着自己这么大的个子，吃到果子是绝对没有问题的。

山羊是盲目的，它认识不清自己，完全被外界的因素所左右。这是一种比较普遍的心理现象。

造成人们随大流的心理原因有很多：比如群众压力，在群体中，由于个人标新立异，那么就会被别人所排斥，于是缺乏安全感，这种从众压力来自于群体。再比如，性别差异、不同类型的人，随大流的程度也不样。一般来说，它有性别之间差异，通常而言，男性从众心理少于女性。因为女性的心思是敏感的，如果有别于常人的话，会显得别扭，甚至是害羞，于是便不想突出自我。此外，性格差异和文化程度也会影响人们的心理。有些人性格内向、自卑感强、缺乏自信心，那么这一类人的随大流的心理强于自信、外向的人。文化程度的高低也是随大流的因素，文化程度高的人，其随大流的心理会小于文化程度低的人。因为高文化的人往往有属于自己的思想，不愿意与他人相同，另外，其见识也比他人多，眼光看得比他人长远。

在我们的生活道路上，不仅需要有自己的看法和想法，更要懂得去改变现实、去创新，不要认为随着大众就没有错。我们都是独立的，不要活在他人的影子下，不要为了明哲保身而随波逐流，成为庸俗的人。

坚持自己的原则、坚持自己的信念，让自己在与众不同中展现出自我价值，做一只展翅翱翔的雄鹰，俯瞰万里山河。

8.想象力是创造力的源泉

想象力是一颗种子，它里面蕴含着智慧；想象力是思维飞翔的翅膀，更是创造力的源泉。对我们而言，没有想象力，就没有创造力，善于创造，就必须要善于想象。

想象力是创造的根源，曾经一位科学家告诉我们："人们不可能做的事，往往不是缺乏力量和金钱，而是缺乏了想象的观念。"牛顿在树底下睡觉，一个苹果掉下来砸到了头，于是他发挥想象力，最后发现了万有引力。其实，许多的发明家、科学家，他们的共同特征之一就是拥有探索精神和无穷的想象力。

莱特兄弟中，哥哥名叫威尔伯·莱特，弟弟名叫奥维尔·莱特。两人年幼的时候，就表现出对机械设计和维修的兴趣，并且在这方面很有能力。莱特兄弟二人都善于思考，他们很有想象力，每当有时间的时候，兄弟两人就会聚在一起讨论着某一个机械的机构，或者是一起去看别的工匠师们如何去修理机器。兄弟两人的手艺十分精巧，经常能够做出一些富有创造力的玩具，比如会自由转弯的小雪橇等等，他们两人制造出来的东西很受小伙伴的欢迎。

有一天，父亲出差归来，他给莱特兄弟带回来了一件小礼物，是一只会飞的蝴蝶。父亲给小蝴蝶上了发条，之后便在空中飞舞了起来。兄弟两人十分开心，但是他们觉得小蝴蝶飞得不够远、不够高，于是就照着玩具的样子又做了几个更大一些的。这些仿制出来的玩具，有的能够飞上树梢，有的能够飞几十米。但兄弟两人造出来的更大的仿制品总是失败。不过，这些并没有让他们难过，反而激起了兄弟两人制造飞机的念头。

在1894年，莱特兄弟两人在代顿市开了一家自行车车铺，两人工作很认真，因为手艺好，价格公道，店内的生意越来越好。莱特兄弟两人的想象力和创造力一直没有停滞，在赚到一笔钱后，两人开始了童年的理想。莱特兄弟制造飞机的想法得到了很多支持，有很多支持他们的人送来了图书和书信。兄弟两人大受鼓舞，他们一有时间就仔细钻研，钻入书海中汲取航天知识，很快，两人就有了制造飞机的能力。

1900年10月，莱特兄弟制造的第一架滑翔机试飞了，但是结果让人不满意，飞机飞到空中时很不稳定。那问题究竟出在哪儿了呢？经过仔细分析后，他们才知道沿用前面的数据中出现了错误，于是两人重新计算，在飞机上加上了一个风洞，这个风洞长6尺，边长12寸宽，保证了飞机稳定地飞行。

莱特兄弟经过废寝忘食的工作，终于创造出了世界上第一架动力飞机。

美国的莱特兄弟是人类历史上第一架动力飞机的设计师，他们为开创现代航空事业作出了不巧的贡献，他们的故事在全世界广为传颂。美国莱特兄弟创造飞机，他们的想象力来自于一只会飞的蝴蝶玩具，因为想象力才激发出了创造力。想象力是创造的动力，只有心中有了一个想象的事物，才会付出行动。

爱因斯坦曾经说过，想象力比任何知识都重要，充分发挥想象力是创新的关键所在，我们在任何时候都不要禁锢自己的想象力，用想象力去创新，用想象力描绘出自己的未来。要想训练出出色的记忆力，一定要有非常好的想象力。想象力是人不可缺少的一种智能，也是人在生活中不可缺少的智慧。哲学家狄德罗说："想象，这是一种特质。没有它，一个人既不能成为诗人，也不能成为哲学家、有思想的人、一个有理性的生物、一个真正的人。"

想象源自于生活，只要我们多观察自己身边的人和事，就会发现有很多的事物是值得，并且需要我们去想象的。想象是一个积累的过程，需要开拓自己的视野，你可以去看书或者多和社会接触等等，久而久之你就有了利用想象力去创造的能力。想象力无非是对已有的知识、表象和经验进行改造、重新组合、创造新形象。因此头脑中储存的表象、经验和知识越多，就越容易产生想象。我们的社会就是由想象力和创造力堆积起来的，里面蕴含了人们的智慧和创造。所以，任何时候都不要失去想象力，只有想象才能让生活变得丰富多彩，只有想象才能让生活变得更有意义。

另外，要善于把适合于某一范围的性质扩展到整个等级。

想象也可以通过夸张的途径来完成。夸张的关键在于通过用具体的局部去代表未知的整体从而使整体具体化。如当人们只看到月牙时，他们就认为自己看到了整个月亮，这就是通过夸张出来的想象。不论我们是从事什么职业，或者在社会中担任什么样的角色，都不影响想象力的发挥。理想让人有方向，感性能够在大方向下开拓各种能力。只要思想够活跃，就不会被各种规则和条条框框束缚住。在这个时代想象力十分重要，不论何时何地、何年何月，我们都需要拥有想象力，这样才能一步步地迈向成功。

想象力的魅力在于它可以将我们带入一个虚拟的世界，实现生活中不可能实现的梦想；想象力的作用就是它可以带着我们享受快乐、享受新奇、享受自由、享受现实生活中少有的感受。

9.打破原有的规矩才能树立新规矩

古人经常说：“无规矩不成方圆。”这句话教导了我们几千年，自然有它的魅力。应该将规矩理解成一种规律习惯。但是在现今的生活中，仅仅依靠原有的规矩去做事，反而会失去做事的最佳方式。

时代鼓励创新，创新是一个民族生存发展的关键动力。所以，我们不仅要能够在合适的范围内不去遵守落后的老规矩，还要跳出这个范围。只有善于打破旧的规矩才能树立新的规矩，这也是为什么很多新的变革会推动社会进步的关键所在。

明治维新是日本历史上一次著名的政治改革，它推翻了德川幕府的统治，使得日本所有的权力都归还给了天皇，并且在政治、经济、社会等方面都进行了全面的改革，促使了日本的现代化和西方化。

日本明治维新的主要领导者是一些年轻的武士们，他们的口号为“富国强兵”，企图建立一个能够并驾于西方国家的强国。那么，明治维新树立了哪些新规矩呢?

在 1871 年时，明治维新废藩置县，摧毁了所有的封建政权，同年，成立新的常备军；在 1873 年，实行全国义务兵制和改革农业税，并且统一了货币。

在 19 世纪 70 年代中期的时候，明治维新中的改革遭到两方面的反对：一方面是失意的武士，他们纠集起来，带领对农业政策不满的农民多次进行叛乱；另一方面是受西方自由主义思想影响的民权论者，他们要求实行立宪，召开议会，万事决于公论。

明治维新下的政府在各方面的压力下，于1885年实行内阁制度，翌年开始立宪制，而后在1889年正式颁布宪法，隔年便召开了第一届国会。在政治改革的同时也进行经济和社会改革。明治维新使得日本在20世纪初就踏上了现代工业国的道路。

日本明治维新打破了陈旧的规矩，树立了新的规矩，并且取得到效果。除了日本之外，很多国家都会施行改革，为的就是更好更快地发展。古代中国，就有许多变法都打破过去的陈规，除旧立新。

古往今来，很多新的变革都是基于对原有体系的打破，“先破后立”成为我们创新性思考的一个惯用逻辑。但是却又有很多人说规矩就是用来打破的，这个就显得有些武断了。我们打破规矩的前提是要学会辨别规矩的适用性是不是还在，一味地求新求异，反而会适得其反。一旦我们对现有的规矩开始怀疑时，我们就要有打破它的勇气。

袁枚的《续新齐谐》中有一个故事，说的就是要人们打破旧规矩，树立新规矩。

有一个夏天的夜里，一个名叫李生的人在堤上纳凉，忽然听到有水鬼在说话。水鬼甲对水鬼乙说：“明天这个时候，有一个人会来渡河，嘿嘿，这个人就是我的替身，到时候我就可以重新投胎做人了。”

第二天凌晨的时候，果然有一青年来渡河，李生瞧见了，就去劝阻，那人也听了李生的话，离开了。到了夜里的时候，水鬼现身，它怒骂李生道：“你还真是多管闲事，害我找不到替身。”

李生不以为然，就说道："你自己去投胎就是了，为什么还要害人呢？"

水鬼就说："我要是能投胎早就去了，还要在这里找替身？这本来就是阴间历来的规矩，落水鬼一定要找替身才能投胎。这个道理就像你们人间官员，年纪大了退休后，别人才有机会补任一样。"

李生不信他的说法，驳斥道："你错了，做官的就是要为国家做事，并且无怨无悔，因为他们的俸禄都是国家发的。国家的钱粮有限，不能浪费，所以官职也是有限的。但是人生活在天地间，要自食其力，又不要老天爷施恩，老天爷哪有工夫来管你们投胎不投胎的闲事！"

水鬼将信将疑地说："我听说转轮王是专管这类事情的。"

李生不信，对水鬼说："你马上去找转轮王，就把我刚才说的话说给他听，如果他还认为落水鬼转世一定要有替身的话，你马上来拉我做替身。这样我就方便去见转轮王，当面把他骂醒了！"落水鬼听了李生的话后，仔细一想并没有吃亏，兴高采烈地走了，从此以后再也没有回来过。

李生与水鬼争执的焦点即所谓规矩，水鬼说的"阴间规矩"，实际上也是人间的规矩。水鬼要转世的话，就得找一个活人做替身，他用人间的官员更替来对应比喻，可见规矩就是一种约定俗成和社会认可。李生的可贵之处在于不贸然信服"规矩"，在驳斥"老规矩"的基础上，他大胆地提出人间和"阴间"都能接受的新规矩。

其实，规矩不是死的，它不是在天地之初就存在的，它是由于后期的发展才定型的。规矩有特定的历史条件和外部环境，也就有其局限性，随着时间流逝，新规矩也都变成了老规矩，老规矩对社会的发展起不到推动的作用，所以，我们就要科学性地打破老规矩。人们若要总是沿袭老规矩，对社会的前进肯定有损无益。

规矩约束的是一个群体。但有些个体肯定不属于约束范围，那么我们是不是应该允许那些个体张扬自己的个性而不去循规蹈矩呢？我们常说“以人为本”，所以不需要用一套套的规矩圈住所有的人。当我们觉得规矩不适合自己时，就要站出来破除规矩，或者建立新的、合适的规矩体制，或者靠本身的意识来指导自己的行为。

突破陈规、突破自我，这样才能进步，才能更好地实现自己的价值，免于平庸,活出精彩。就像日本动漫黑崎一护那样，拿起大刀，自信而勇敢地闯进死神界，把陈规一刀刀击碎，之后的阳光便会更加灿烂。